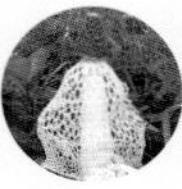

One hundred selection of Japanese fungi

日本菌類百選

きのこ・カビ・酵母と日本人

日本菌学会［編著］

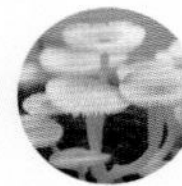

八坂書房

はじめに

「きのこ」と聞くと、「かわいい」「おいしい」という印象を持つ人も多いと思いますが、「菌」というと、「汚い」「怖い」「バイキン」など、悪いイメージを抱く人が多いのではないかと思います。しかし、「バイキン」は漢字では「黴菌」と表し、「黴」は「カビ」、「菌」は元来「くさびら」と読んでマツタケのような形のきのこを意味していました。「黴菌」は、本来「カビ・きのこ」を指す言葉なのです。これに「酵母」を加えたのが「菌類」です。

菌類は動物でも植物でもない生物群です。現在知られている菌類はおよそ10万種。しかし、自然界に実在するのは150万種とも、その数倍ともいわれる多様な（おそらく、生物の世界では昆虫に次いで二番目に多様な）生物群なのです。そして、自然環境が多様かつ高温多湿な日本には、本当にたくさんの菌類がいます。現在1万種を超える菌類が日本から記録されており、私たちはこれら菌類と深い関わりを持っています。例えば、マツタケをはじめとする日本人のきのこ好きは世界でも特筆的といわれますし、和食に欠かせない食材、味噌、醤油、日本酒、鰹節はコウジカビの産物といっても過言ではありません。日本酒においては酵母も然りです。アオカビの一種ペニシリウム・キトリナムがつくるプラバスタチンは日本人が発見し世界的に最も売れた薬の一つです。一方、農作物の病気を引き起こす病原体のほとんどは菌類です。熱帯諸国での肝癌発生には、コウジカビの一種アスペルギルス・フラブスによる食糧汚染が関わっていると考えられています。このように菌類はわれわれに、「悪さ」をするのも事実です。しかし、私たち日本人は、多くの菌類と触れ合わざるを得ない環境ゆえ、菌類との強固な絆を保ち、うまく利用あるいは往なしてきた民族といえるでしょう。米麹をつくるキコウジ（アスペルギルス・オリザエ）は日本人の食生活と切り離すことのできない菌の代表ですが、私たちの祖先が何ら科学的知識のない時代に猛毒のアスペルギルス・フラブスの中から無毒の系統を選び、育種した結果生じたと考えられています。

日本菌学会は、菌類を材料とした様々な学問を研究している人たちの集まりです。私たちは、特に菌類の恩恵に浴している集団といえるでしょう。ふだんお世話になっている菌たちをもっと世の中に知られる存在にしたい、そんな思いから、二〇〇七（平成十九）年に「日本菌類百選」を選定しました。選定にあたっては、日本菌学会を構成するノンプロフェッショナルから菌類をメシのタネにしている職業研究者まで、幅広い選定者によって、次のようなことに配慮して広く候補を集め、最終的に100種類の菌を選びました。

●国内に広く分布する普通種でごく身近な菌（生態的に重要）
●日本を代表する植物や動物、あるいは菌類と深く関係した菌

●日本人の暮らしと過去および現在において密接に結びついた菌
●日本から新種記載された種類で、生物学的あるいは経済学的見地からみて興味深い菌
●日本固有種・世界的な稀菌
●菌学上の特筆すべき日本発新知見に貢献した菌
●民俗学的に重要と考えられる菌
●その他（形態学的、生態学的あるいは生物地理学的に興味深い菌など）

これらの中には必ずしも〝良い〟菌ばかりでなく、〝悪い〟菌や〝普通の〟菌も含まれています。これらの菌のリストは、その菌の特徴を端的に示すキャッチコピーとともに、学会のホームページ（https://www.mycology-jp.org/html/top100.html）に示しました。しかし、これらの菌の詳しい特徴や、日本・日本人との関わりはまだ紹介されておらず、どのような機会があるか、考えていました。今回、これら100種類の菌たちをテーマにした本書が世に出ることを大変嬉しく思います。執筆にあたっては、各菌の推薦者ばかりでなく、その菌を研究対象としている研究者など41名の方にお願いしました。自然界でのその菌の生活や、応用、歴史、稀な菌については採集経験をはじめとする、執筆者自身の体験など、話題の幅も豊富です。ですから、きのこやカビに詳しくない人でも楽しく、テーマとなった菌を知ることができます。いずれも「日本」というキーワードで見たとき、「へえ、なるほど」と思われるものばかりです。この本をきっかけに、菌類という多様な生物への関心を広げていただければ幸いです。

末筆になりましたが、本書を世に送り出すにあたり、ご協力いただきました著者の方々、貴重な機会をいただきました八坂書房と同社 編集担当の三宅郁子さんに心より御礼申し上げます。

一般社団法人 日本菌学会
会長　田中千尋

★掲載の順番は、菌の学名のアルファベット順です。
★見出し部分のカラーは、きのこ、カビ、酵母で色分けしました。

きのこ　カビ　酵母

★「日本菌類百選」選定時より、学名や分類に変更が生じたものについては、変更後の情報を記載しました。

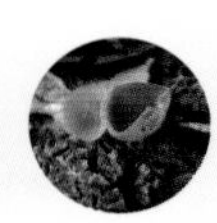

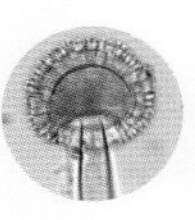

目次

はじめに　3

1　タマゴタケ　10
2　イボテングタケ　11
3　ベニテングタケ　12
4　テングタケ　13
5　タマゴテングタケ　14
6　ドクツルタケ　15
7　ホテイシメジ　16
8　ナラタケ　17
9　アスペルギルス・ニガー　18
10　キコウジ　19
11　ヒウガハンチクキン〔日向斑竹菌〕　20
12　ツチグリ　21
13　アスナロ天狗巣病菌（てんぐすびょうきん）　22

14　クロカワ　23
15　ヤマドリタケ　24
16　オニフスベ　25
17　キリノミタケ　26
18　ツバキキンカクチャワンタケ　27
19　クラドスポリウム・クラドスポリオイディス　28
20　コレオフォーマ・エンペトリ　29
21　ヒトヨタケ　30
22　サナギタケ　31
23　ショウゲンジ　32
24　ヒトクチタケ　33
25　ヤチヒロヒダタケ　34
26　コウヤクマンネンハリタケ　35
27　クサウラベニタケ　36
28　ウラベニホテイシメジ　37

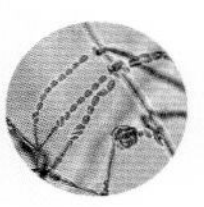

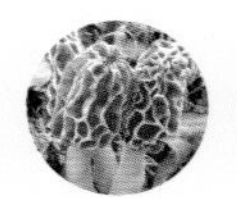

29 ソライロタケ 38
30 カンゾウタケ 39
31 エノキタケ 40
32 ツリガネタケ 41
33 エブリコ 42
34 イネ馬鹿苗病菌(ばかなえびょうきん) 43
35 コレラタケ 44
36 キツネノサカズキ 45
37 マンネンタケ 46
38 マイタケ 47
39 ヤマブシタケ 48
40 サクラシメジ 49
41 ニガクリタケ 50
42 クリタケ 51
43 タケリタケ［ヒポミケス・ヒアリヌス］ 52
44 ブナシメジ 53
45 カワウソタケ 54
46 ツクツクボウシタケ 55
47 アカモミタケ 56

48 ハツタケ 57
49 チチタケ 58
50 シイタケ 59
51 ホコリタケ 60
52 ハタケシメジ 61
53 シャカシメジ 62
54 ホンシメジ 63
55 ニオウシメジ 64
56 アミガサタケ 65
57 ヤコウタケ 66
58 ウスキブナノミタケ 67
59 オルピディウム・ヴィシアエ 68
60 ツキヨタケ 69
61 ホネタケ 70
62 オオゼミタケ 71
63 ドクササコ 72
64 ペニシリウム・シトリナム 73
65 ファフィア・ロドツィーマ 74
66 ウスキキヌガサタケ 75

67 ナメコ 76
68 フィコミケス・ニテンス 77
69 スギノタマバリタケ 78
70 スギヒラタケ 79
71 タモギタケ 80
72 ヒラタケ 81
73 タマチョレイタケ 82
74 タマノリイグチ 83
75 コウボウフデ 84
76 ヒカゲシビレタケ 85
77 クモタケ 86
78 イネいもち病菌 87
79 ホウキタケ（広義） 88
80 リゾムコール・プシルス 89
81 ショウロ 90
82 リゾプス・ストロニフェル 91
83 ロドトルラ・トルロイデス 92
84 アカヤマドリ 93
85 ニセクロハツ 94

86 コウタケ 95
87 スエヒロタケ 96
88 キツネノヤリ 97
89 アミタケ 98
90 ハナイグチ 99
91 サクラ天狗巣病菌 100
92 オオシロアリタケ 101
93 カワラタケ 102
94 カエンタケ 103
95 トリコデルマ・ハルツィアヌム 104
96 バカマツタケ 105
97 マツタケ 106
98 ハエトリシメジ 107
99 カキシメジ 108
100 イボセイヨウショウロ 109

索引 110
執筆者一覧 111

❶ タマゴタケ

［学名］*Amanita caesareoides*
担子菌門　ハラタケ目
テングタケ科

日本の夏を彩る代表的なきのこ

きのこの発生する最盛期は秋だと思われがちだか、実際には梅雨時期後半から梅雨明け後しばらくの期間が最も多い。この時期はきのこマニアにとって絶好の撮影シーズン。雨間を縫って、カメラを持ちいそいそと野山に出て行き、やぶ蚊の襲来をものともせず、様々なきのこの撮影に精を出す。なかでもその名前の由来でもある白い卵様のつぼを割って出て、鮮やかな赤色の傘を広げるタマゴタケは格好の被写体だ。

「派手なきのこは毒きのこ」という迷信に従えば、赤色の傘に黄色の段だら模様の柄を持つ派手な色調のタマゴタケは典型的な毒きのこということになる。ところが実際には優秀な食用きのこであり、一般向けのきのこ観察会で「食べられるきのこです」と説明すると一様に驚かれる。煮ると黄色になってしまうが、味は以前アマニータ・カエサレア（「皇帝（カエサル）のきのこ」の意味の学名を持つ優秀な食用きのこ）と同種とされていたに相応しく、とろっとした旨味があってなかなかのものである。ただし、食用にするには赤い傘が開き切る前のできるだけ若くて新しいきのこを採集されたい。暑い時期に発生するきのこの常として、菌食性の昆虫などの小動物の食害を受けやすく、傷みも早いのだ。傷んだ食用きのこを食べて食中毒を起こすことは意外に多いのである。

根元に卵のような白いつぼを持つタマゴタケ

普通はブナやコナラなどブナ科樹種を主体とする山林の林床にポツリポツリと発生するが、時に百本単位で大発生することもある。筆者は某公園の遊歩道に沿って数万本のタマゴタケが林立している場面に出合ったことがあるが、まさに夢心地、きのこの国に続く道に迷い込んだ気分になった。

（柴田）

② イボテングタケ

［学名］*Amanita ibotengutake*
担子菌門　ハラタケ目
テングタケ科

旨味成分を持つ毒きのこ

夏から秋にかけてモミやマツなど針葉樹の樹下に、ベニテングタケ〔No.3〕の傘の色を褐色に変えたような大型のきのこが点々と、または大きな輪を描くように発生していることがある。これがイボテングタケである。

イボテングタケは、その名前（当時は仙台の海岸地方で、このきのこに与えられていた地方名）に由来するイボテン酸という強い旨味成分を含んでいて、その強さは昆布の旨味成分として知られるグルタミン酸ソーダの10倍以上に相当する。ただし、このイボテン酸自体とその分解物であるムシモールが、胃腸系、神経系の中毒を起こすイボテングタケの毒成分の本体であるため、この旨味成分を調味料として利用することはできない。

イボテングタケは現在の和名に落ち着くまでにちょっとした履歴を持っている。地方名でイボテングタケと呼ばれていた現在のイボテングタケは、すでに国内で報告されていたテングタケ〔No.4〕と形態分類学的に明確な差異がないとされ、同種であるとされていた。その後、長くテングタケと同一視された期間が続いたが、二〇〇二年小田らにより、形態的な差異及び生態的な共生樹種の違いに加え、きのこについては日本で最初のDNAを用いた分子系統学的な考察からテングタケとは別種と判断され、地方名のイボテングタケを和名とし、学名もアマニタ・イボテングタケとして新種報告された。

ただ、イボテングタケにはそんな人の都合による分類は関係ない。共生樹と共にその環境にいて、自らの子孫を残すべく生を全うしている。（柴田）

テングタケによく似ているが、より大型のイボテングタケ
（撮影：井本敏和）

③ ベニテングタケ

［学名］*Amanita muscaria*
担子菌門　ハラタケ目
テングタケ科

世界で最も有名でメルヘンティックなきのこ

『不思議の国のアリス』の挿絵や映画を引き合いに出すまでもなく、ファンタジーやゲームの中でお馴染みの、世界で最も有名でメルヘンティックなきのこである。赤い傘に白いいぼが水玉模様のように配された可愛らしい外見と、毒きのこだという禍々しさが入り混じった不思議な魅力があり、様々な民芸品等のモチーフにされる他、民俗学的な逸話にも事欠かない。欧州では幸運のシンボルとする地域もある。

ベニテングタケは北半球の温帯以北に広く分布し、シラカバと共生するイメージが強いが、カバノキ類以外にもツガやモミ等の針葉樹林や、コナラ、シデ等のブナ科広葉樹林でも見ることができる。最近では本来分布のなかった南半球にも移入され、現地特有の樹種とも共生していることが報告されている。それほど環境適応性が高いにもかかわらず、なぜか国内でベニテングタケを見ることができるのは中部地方の亜高山帯から東北・北海道に限られ、関西以西以南の地域ではほぼ見ることができない。そのため西日本のきのこマニアにとってベニテングタケは憧れの的、わざわざツアーを組んで見に行くことさえある。

『不思議の国のアリス』より
（G.M. ハドソン画、1922 年）

そんな魅力的なきのこではあるが、欧州では古くからハエの捕殺に使用されていた。そのため、学名や英名には「ハエ」の意味があり、少しもメルヘンティックではない。

毒性はあまり強くなく、信州では毒抜きをして食用とする地域もある。巷では「一本までは大丈夫」といった無責任な情報も流されているが、毒成分としてイボテン酸やベニテングタケから発見命名されたムスカリンなどを含んでいるので、興味本位の試食はすべきではない。

（柴田）

可愛らしい姿だが毒を持つベニテングタケ

❹ テングタケ

［学名］*Amanita pantherina*
担子菌門　ハラタケ目
テングタケ科

ハエトリタケの異名を持つ毒きのこ

テングタケの名前の由来については、「食べると食中毒を起こし、時に死に至らしめる畏怖を天狗に喩えた」とか「きのこ自体の形を天狗の高下駄に喩えた」など諸説ある。また、テングタケの古名「ヒョウタケ」は、褐色の傘に白い綿くずのようないぼが点在する見た目を豹柄に見立てたものだが、学名にも「豹柄のようなきのこ」の意味があり、洋の東西で同じ物に喩えた名前を持っていることは興味深い。

テングタケは日本各地で「ハエトリタケ」、「ハエトリナバ」といった地方名を持っていて、古くは普通にハエの捕殺に使用されていたことが伺われる。使い方は、軽く炙ったテングタケを薄く水を張った平皿に載せるなどして、それをハエに舐めさせるのである。テングタケの主要な毒成分であるイボテン酸には、ハエなど昆虫類の神経を麻痺させて死に至らしめる効果があり、同じ毒成分を持つベニテングタケ〔No.3〕やイボテングタケ〔No.2〕も同じ目的で使用されていた。

形態的な差が乏しいため長らくイボテングタケと混同されていたが、テングタケはより小型で柄の基部のつぼ上部が一重、主にミズナラ、コナラなどのブナ科広葉樹林下に発生する、などの違いがある。

色調が地味な褐色のためか、時々誤食され食中毒事故の原因となっている。毒性は、近縁のベニテングタケやイボテングタケよりも強く、腹痛・下痢といった消化器系の症状の他に、ムスカリンなどの神経系に作用する毒成分により発汗やめまいなどの症状が現れる。ひどい場合は昏睡状態に陥ることもあるので注意が必要である。

（柴田）

イボテングタケより小型で、つぼ上部が一重のテングタケ

⑤ タマゴテングタケ

［学名］*Amanita phalloides*
担子菌門　ハラタケ目
テングタケ科

世界に名だたる殺し屋きのこ

落ち着いたオリーブ緑色〜帯褐黄色の傘を広げる姿からは毒々しさを感じないが、これが世界的にも有数の致命的な毒きのこ。欧州では最も食中毒死の多いきのこのひとつといわれていて、「デス・キャップ（死の帽子）」の異名を持っている。タマゴテングタケからは、アマニタ・ファロイデスという学名に由来する環状ペプチド構造を持つ毒成分、アマトキシン類とファロトキシン類が発見されていて、その毒性の強さはきのこ1本で複数名を死に至らしめることができるという、名実共に毒きのこ中の毒きのこである。

タマゴテングタケによる食中毒は悲惨を極める。最初は食後半日前後から腹痛・嘔吐・下痢といった典型的な食中毒症状が現れ、一旦は快方に向かうように見える。しかし体内では肝臓や腎臓を主に内蔵の破壊が着実に進行していて、次第に黄疸・血尿・下血等の症状が現れ、4〜7日後には肝不全及び腎不全で死に至る。もしもこのきのこを食べてしまったら、死を免れ、後遺症を軽減するために、早急に胃洗浄、活性炭投与などの適切な治療を行う必要がある。

幸いにも日本国内ではかなりレアなきのこで、記録としては東北、北海道等の冷涼な地域で稀に採集例がある程度。それでも東北北部では毒草トリカブトの毒薬名「附子（ぶす）」に擬え（なぞらえ）たと思われるブスキノコの地方名があるので、致死性の毒きのこであることは知られていたようである。

日本ではタマゴテングタケに出合う可能性が少ないからといって安心はできない。タマゴタケモドキというタマゴテングタケを小型にしたようなきのこや、同属で純白のドクツルタケ［No.6］は温かい地域にも普通に発生する致死性の毒きのこである。

（柴田）

ヨーロッパでは普通に見られるタマゴテングタケ（撮影：H. Krisp）

日本で普通に見られる猛毒のタマゴタケモドキ（写真提供：ホクト株式会社）

⑥ ドクツルタケ

姿は美しいが猛毒のドクツルタケ
（撮影：井本敏和）

［学名］*Amanita virosa*
担子菌門　ハラタケ目
テングタケ科

清楚な姿で「死の天使」と呼ばれる猛毒きのこ

亜高山帯の苔むした地面からすらりと伸びた純白の清楚な姿は、まさに白いドレスをまとった貴婦人といった趣だが、欧米では「デス・エンジェル（死の天使）」、「デストロイング・エンジェル（殺しの天使）」の異名を持つ恐るべき猛毒きのこである。タマゴテングタケ〔No.5〕、シロタマゴテングタケと共に猛毒きのこの御三家とも称され、誤食すると主要な毒成分であるアマトキシン類により、内臓組織を破壊され死に至る。

シロタマゴテングタケ

ドクツルタケは国内で普通に見られるきのこで、食中毒例も多い。きのこに詳しい者であれば「野生の白いきのこを食べた」と聞くと瞬時に緊張が走る。それはドクツルタケとその中毒の凄絶さを知っているからに他ならない。一九九三年には、中国人留学生一家3名が誤食し、妻子が死亡するという悲惨な事故が起こっている。また、二〇〇七年には、きのこ狩りの山中で出会った見知らぬ男性と採集したきのこを交換し、食中毒を起こした原因きのこがドクツルタケだったという、「もしかして通り魔殺人？」という事件も起きている。きのこ狩りをする人は、厚生労働省HPの啓発ポスターの標語「食用キノコと確実に判断できないキノコは　絶対に　採らない！　食べない！　売らない！　人にあげない！」を守っていただきたい。

ドクツルタケには、きのこ全体が白色または帯白色のニオイドクツルタケ、アケボノドクツルタケなど酷似する複数種類の既知種及び未発表種があることが知られている。これらのきのこもドクツルタケと同属であり、猛毒きのこあるいは毒きのこである可能性が高い。白いきのこには特に注意が必要である。

（柴田）

⑦ ホテイシメジ

［学名］*Ampulloclitocybe clavipes*
担子菌門　ハラタケ目
ヌメリガサ科

ホテイシメジ

酒との相性が悪い毒きのこ

布袋様といえば、柔和なお顔にでっぷりとしたお腹、日本では七福神の一柱として有名な神様である。この名前をいただいたホテイシメジは、見てのとおり柄が下部に向ってふくらんでいる。この特徴が、布袋様の姿を想像させるからであろう。学名の clavipes は clava (club) + pes (foot) の意で、「柄がこん棒（鬼が振り回す棒を想像）のようである」と、和名と同様に柄の特徴を採用している。傘は3～7㎝程で黄色を帯びた灰褐色、ひだは白っぽいクリーム色であり、美しい上にとても美味しそうなきのこである。秋になると種々の林に発生するようであるが、特にカラマツ（標高の高いところなど寒冷地に分布している）の林に見られることが多く、群生することもある。

見つけると嬉しくなって次々と採集したくなるが、お酒と一緒にたくさん食べるのは禁物である。というのも、このきのこはお酒との相性が悪く、悪酔いを起こすからである。

お酒に含まれるアルコール（エタノール）は肝臓で代謝されて、エタノール→アセトアルデヒド⇸酢酸→二酸化炭素＋水へと分解される。ところが、このきのこに含まれる物質（不飽和脂肪酸誘導体の混合物）が二段階目の反応を阻害するため、アセトアルデヒドが分解されないまま体の中に蓄積されることで、悪酔いを引き起こす。同様の機構で悪酔いを引き起こすきのこにヒトヨタケ〔No.21〕が知られており（原因物質はコプリンという化合物）、この他にも悪酔いを起こすと疑われているきのこがいくつもある。慢性アルコール中毒患者に処方される薬で、ジスルフィラムという薬剤があるが、ホテイシメジ中毒と同じ機構で悪酔いを起こし、奈良漬けを食べるくらいでも、苦しい思いをするため、お酒を飲まなくなるという。

それにしても、この食い合わせが悪いと最初に気づいたのは誰なのだろう？　きっと、再現性があるかどうか何度も試した結果なのだろうが。

（橋本）

ホテイシメジ同様、悪酔いを引き起こすヒトヨタケ

❽ ナラタケ

［学名］*Armillaria mellea*
担子菌門　ハラタケ目
タマバリタケ科

ナラタケの子実体（いわゆる「きのこ」）。たくさん採れるのが魅力

柄に明瞭なつばがある

様々な顔を持つ日本を代表する野生きのこ

「ならたけ」の仲間は、見分けやすく、見つけやすく、一度にたくさん採れ、その上味もなかなかによいことから野生の食用きのことして親しまれている。「ならたけ」を指す方言は関東以北を中心に全国で170を超え、いかに身近なきのこであるかが伺えるだろう。「ならたけ」は葉緑素をもたないラン科植物のツチアケビやオニノヤガラの共生菌としても知られ、「ならたけ」と共生したオニノヤガラの塊茎は中国や韓国ではテンマ（天麻）と呼ばれ、漢方薬として使われている。

「ならたけ」は山の幸や薬として重宝される一方で、樹木を枯死させる樹木病原菌でもある。「ならたけ」の仲間によって引き起こされるならたけ病は、欧米では針葉樹人工林の病害として最も問題視され、日本でもヒノキやトドマツ人工林、各地の公園の緑化木等を枯死させる病害として知られる。

さて、様々な顔を持つ「ならたけ」だが、実にビッグなきのこであることをご存じだろうか。「ならたけ」は実はシロナガスクジラよりも大きい「世界最大の生物」。とはいっても超巨大きのこを作るわけではない。きのこの本体は、菌糸という髪の毛の10分の1程度の太さの糸状の細胞であるが、オレゴン州では遺伝的に同一の「ならたけ」菌糸が965ヘクタールにもわたって分布することが明らかになったのだ。つまり一つの個体が965ヘクタールも土壌中に広がっているというのである。ちなみに推定年齢は最大見積もりで8650才とのことである。

今では「ならたけ」は、日本では10種以上に分割されている。「*Armillaria mellea*（和名ナラタケ）」はこの中の一種である。世界最大の生き物の種は*A. ostoyae*（和名オニナラタケ）である。

（太田）

⑨アスペルギルス・ニガー

[学名] *Aspergillus niger*
子嚢菌門　ユーロチウム目
マユハキタケ科

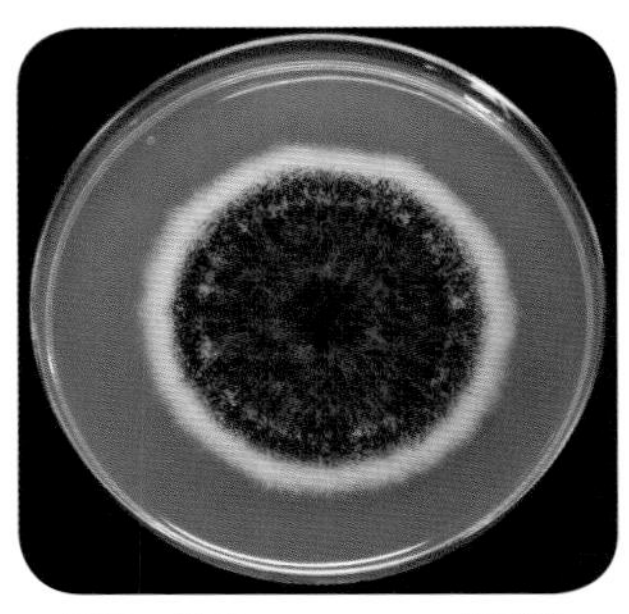
黒色、粉状のコロニー（集落）

放射状の分生子頭（胞子頭）(30倍)

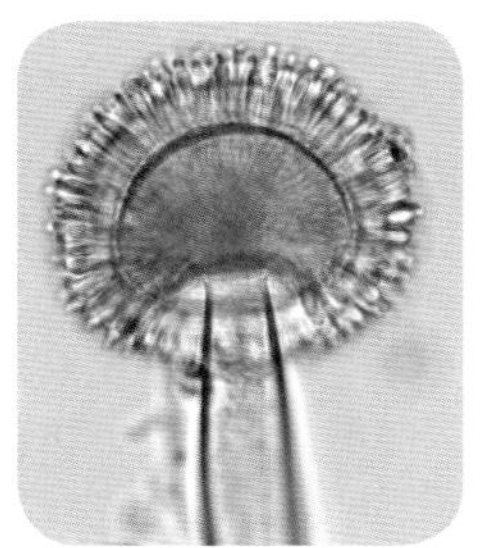
顕微鏡写真（400倍）

有用物質も有害物質もつくる身近な黒カビ

アスペルギルス・ニガーは、クロコウジカビとも呼ばれ、黒色のカビの代表であり、主として土壌中に生息する。私たちの身の周りでは、パン、餅などの食品や壁紙など生活環境を黒く汚染しているのを目にする。

このカビは、クエン酸などの有機酸やアミラーゼ、ペクチナーゼなど酵素の製造に用いられるなど、産業上極めて重要である。クエン酸は、レモンをはじめとする柑橘(かんきつ)類に多く含まれ、酸味の素となり、清涼飲料水ほか各種の加工食品に添加され、また、欧米では洗剤に添加されるなど、使用が最も多い有機酸である。アミラーゼ（別名ジアスターゼ）は消化酵素であり、デンプンやグリコーゲンを分解する。体内では主に膵臓(すい)から分泌され、ダイコンやカブ、ヤマイモにも多く含まれている。胃腸薬、消化剤として市販されていて、高峰譲吉は、麹菌(こうじ)（アスペルギルス・オリゼ）からアミラーゼを抽出し、明治27年にタカジアスターゼとして世界で初めて商品化した。古くから餅に大根おろしをつけて食べると胃もたれしないといわれているが、この作用と考えられる。その他、古くから沖縄などで焼酎の醸造に用いられている黒麹菌（アスペルギルス・リュウチュウエンシス）とは系統的に非常に近縁である。

一方、このカビはオクラトキシンなどのカビ毒を産生したり、アレルギーや免疫不全患者に対して感染するなど、人への健康被害を引き起こすことがある。オクラトキシンは、このカビのほか、アオカビ（ペニシリウム）が産生し、腎毒性、発ガン性などが報告されている。産生カビに汚染された米、大麦、小麦、トウモロコシなどの穀類、ブドウ、生コーヒー豆などから検出されるほか、これらを原料としたワイン、ビール、コーヒーなどや汚染穀類を飼料とした家畜由来の食肉加工品、乳製品からも検出される。

（矢口）

⑩ キコウジ

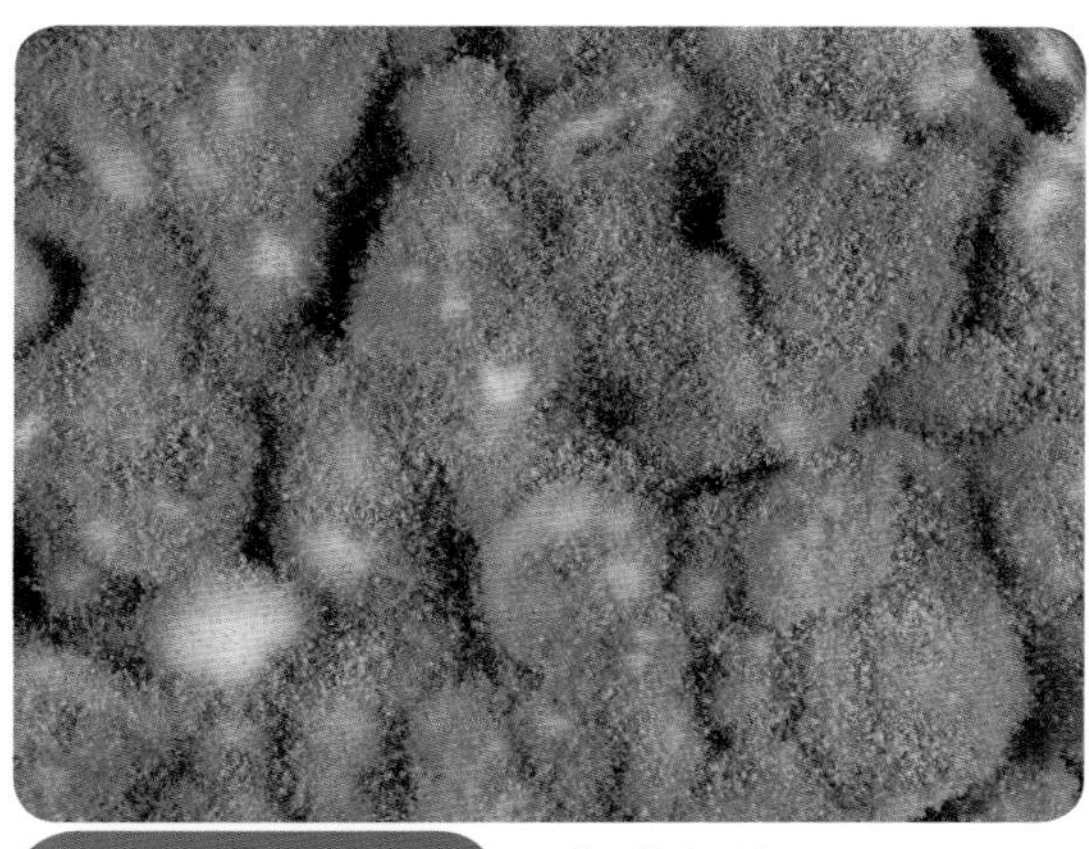

［学名］*Aspergillus oryzae*
子嚢菌門　エウロチウム目
エウロチウム科

日本の味の基礎をなす発酵食品に不可欠な菌

麹（こうじ）といえば、味噌・醤油・日本酒などの日本を代表する食品や調味料に欠かせないものである。その正体は、「コウジカビ」をお米につけて培養したものだ。広い意味で穀物にカビをつけて培養したものを麹というが、穀物にもカビにもいろいろな種類があるため、麹の種類も多様だ。実際、味

麹の拡大写真
米粒がキコウジの胞子に覆われている。なお、市場に多く出回っているのは、胞子を無色にした白色突然変異株である

キコウジの顕微鏡写真
菌糸が立ち上がり、球形に膨らんだ頭部にはビール瓶のような形の胞子形成細胞が並ぶ

噌用の麹には大豆も含まれているし、アジアの他国にもいろいろな麹が存在する。しかし、狭い意味での麹は、米に*Aspergillus oryzae*（キコウジ）を接種して育てたものである。麹にはカビが生産する酵素が集積されており、麹を入れることによって、発酵が一気に進み、いろいろな食品の味の決め手となる。

麹の起源がいつなのかはよく分からない。しかし、鎌倉時代には、すでに麹売りがあったといわれており、まさに日本の伝統的な食文化を支えるものである。ちなみに、キコウジは日本醸造学会によって「日本の国菌」に指定され、その意味でも日本を代表するカビである。

二〇〇二年、キコウジの全ゲノムが解析された。その結果、このカビが水分が少ない固体培養で誘導される酵素を複数持ち、おそらくバクテリアに由来する遺伝子も持っていることが示された。また、系統的にきわめて類縁性が高い*A. flavus*（アフラトキシンという強力なカビ毒を生産し、そのための遺伝子も持つ）と同様にアフラトキシンの遺伝子を持つが、部分的にこれらの遺伝子が壊れており、アフラトキシンの生産能をもたないことも示された。どうやら、*A. oryzae* は、麹の製造に特化するように選抜され、飼いならされたカビらしい。事実、*A. oryzae* は野外環境から分離されることは極めて少ない。このようなことがなされたのは、遺伝子に関する知識もない時代であったことを考えると、日本人の技術力はまさに驚くべきものである。

（細矢）

⑪ ヒュウガハンチクキン
［日向斑竹菌］

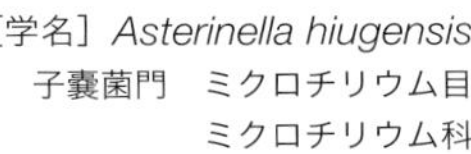
［学名］*Asterinella hiugensis*
子嚢菌門　ミクロチリウム目
ミクロチリウム科

ヒュウガハンチクの標本
（国立科学博物館所蔵 TNS-F-232153）
宮崎県西諸県郡高原村（1930 年採集）

現在では絶滅したとされた日本固有のカビ

タケというのは、東洋に特徴的な植物である。欧米からすれば珍しい植物であるうえに、様々な菌類が発生する基質となる。そのため、欧米の研究者はタケに発生する菌類にはとりわけ興味を持つようだ。欧米には存在しない基質に発生する菌類は、欧米には分布しないものも多いので、新種を見つけるチャンスも多くなるわけだ。だから、西洋の菌学者にとってみれば、とても興味深い対象となるのだろう。実際、タケに発生する菌には、本種のように日本固有種とされる菌も多い。

さて、タケに菌類が寄生し、まだら模様を呈したものを斑竹という。トラフダケというのが有名だ。これはヤシャダケに子嚢菌 *Chaetosphaeria fusispora* が寄生して独特の文様を作るもので、天然記念物ともなっている。同様に、宮崎県産のマダケの斑竹の一種には、江戸時代から知られていたものがあり、これを坪井伊助（一九一四）が日向斑竹と命名した。後に、日野・日高（一九三四）によってこの斑竹の宮崎県西諸県郡高原村（現・高原町）での発生が確認された。不思議なことに、竹林の北側の一部だけに見られるとされ、他の場所にタケを移植すると斑紋が消失するということから、その発生には微妙な環境要因が影響するものと考えられる。

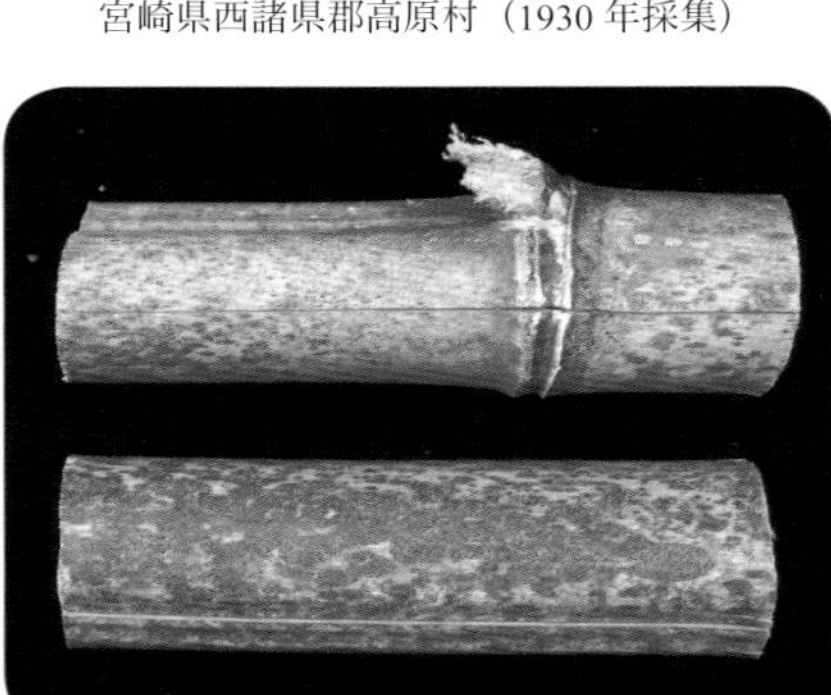
最近のヒュウガハンチクの標本
（国立科学博物館所蔵 TNS-F-39160）
宮崎県延岡市北方町蔵田（2010 年採集）

日向斑竹は斑竹の中でもっとも美しいことが知られたが、伐採などにより生品が見られることは極めて稀となり、ついに絶滅危惧種の記載を集めたレッドデータブックの一九九七年、二〇〇七年版ではEX（絶滅）とされた。しかし、二〇一〇年に宮崎県で再発見され、再び二〇一四年版のレッドデータブックでは絶滅危惧I類（CR+EN）のランクで復活した。菌類のような微生物においては、絶滅ということをどう断定するかがそもそも難しいものであることはさておき、この菌がどのような環境で生き残っていたのか考えると興味は尽きない。

（細矢）

⑫ ツチグリ

［学名］*Astraeus ryoocheoninii*
担子菌門　イグチ目
ディプロシスチジア科

星形に開いたツチグリ。左のものは頂端の穴から粉状の胞子が噴き出ている

地上に降りたお星様☆

英語でearthstar、中国語で「地星」と呼ばれるきのこの仲間がある。日本語に訳すと「地上の星」となるだろうか。日本でも、このきのこの仲間は林内の路傍や斜面などに普通に見られる。日本に分布する「地上の星」の代表的な種はツチグリであり、この名前は星ではなく栗に由来する。これは、ツチグリは幼い時は球形で、あたかも栗の実のように見えるからである。一方、earthstarの名は、球形のきのこが成熟すると外皮が星形に裂け、地上に降り立った小さな星のように見えることによる。星と栗ではまったく違った印象を受けるが、日本と海外で、このきのこに対する視点の違いが面白い。

星形に裂ける前の未熟なツチグリ

外皮が星形に裂けつつあるツチグリ

成熟したツチグリの外皮は、水分を含むと星形に開くが、乾燥すると収縮する。このため「きのこの晴雨計」と呼ばれることもある。星形に裂けたきのこの中心には胞子が充満した袋状の部分があり、この部分に水滴などが当たると、頂端に開いた小さな穴から粉状の胞子が噴き出す。

星形に裂ける前の未熟なツチグリは、内部が白色の肉質で、福島県や九州南部の一部地域ではこの状態のものを食用としている。福島県では「まめだんご」、九州南部では「けーころ」あるいは「ころべ」などと呼ばれ、これらの地域では、地表にわずかに頭をのぞかせる未熟なツチグリを丁寧に掘り起して利用している。外皮を剥いたツチグリの幼菌をみそ汁の具としたり、焼いたりして食べると、こりこりした食感と、噛んだ時にぷちっとはじける感覚が面白い。食感を楽しむ一風変わった食用きのことして、限られた地域で愛されている存在である。なお、ツチグリを賞味できるのは未熟な状態の時のみであり、成熟して内部が茶褐色の粉状になったものは食用には適さない。

（糟谷）

⑬ アスナロ天狗巣病菌

［学名］*Blastospora betulae*
担子菌門　サビキン目
ミクロネゲリア科

アスナロ天狗巣病の症状が見られるアスナロの小枝

緑色のアスナロの葉に奇妙な黄色い塊が

アスナロとその変種であるヒノキアスナロは日本固有のヒノキ科の常緑針葉樹で、ヒバ、アテ、アスヒなどの名前でも知られている。北海道の南部から九州まで分布するが、青森県、石川県（能登半島）、新潟県（佐渡）が有名で、青森のヒバ林は日本三大美林の一つに数えられている。正常な枝では、小枝が扁平に分岐し、ヒノキよりも大きくて厚い鱗片状の葉が対生する。

このような枝の途中から灰緑色で先端が釘頭状に広がった短い分岐が塊を形成していることがある。でき始めは気づきにくいが、時間とともに分岐を繰り返しながら成長し、やがては10〜30㎝ほどにまで成長する。奇形になった小枝が多数発生し塊を作ることからアスナロ天狗巣病と呼ばれている。すでに死んでしまい乾燥した部分は黒褐色になり、海藻のヒジキのようにも見えることから、「アスナロのヒジキ」という別名もある。五月頃には、各分枝先端の釘頭状部分の中央が黄色粉状になり、多数のさび胞子が生産される。この病気は、ブラストスポラ・ベツラエ（カエオマ・デフォルマンス *Caeoma deformans* と呼ばれていたこともある）によって引き起こされる。この菌は、生活環を完了するために系統的に関連のない二種類の植物を必要とする異種寄生性の菌であり、精子・さび胞子世代をアスナロやヒノキアスナロなどのヒノキ科植物、夏胞子・冬胞子世代をヨグソミネバリ、シラカンバなどのカバノキ属で経過する。しかし、アスナロ上で形成されたさび胞子をアスナロに接種したら感染したという報告もあるので、もしかすると生活環の異なる二種類が存在するのかもしれない。

（山岡）

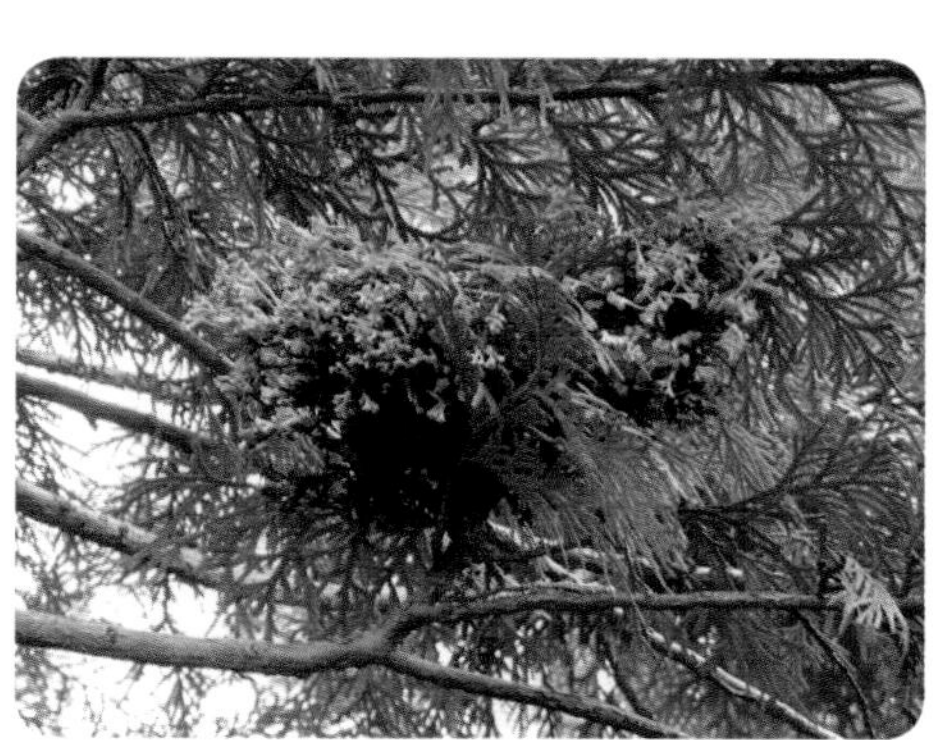

「アスナロのヒジキ」

⑭ クロカワ

［学名］*Boletopsis grisea*
担子菌門　イボタケ目
マツバハリタケ科

松林に発生するクロカワ。左は管孔状の傘の裏面

食通には有名な秋の味覚

このきのこは秋にマツなどの針葉樹林に発生する中〜大型で、傘裏が微細なスポンジ状をしたイグチ型のきのこである。傘が黒くなめし革状であることから「クロカワ（黒皮）」と呼ばれているが、「ロウジ」という方言で呼ばれているところもある。後者は「老人」の名前が訛ったところからきているといわれているが、なぜ「老人」なのかはよく分からない。味が苦いため一般には利用されていないが、食通の間ではこの苦味がよいともてはやされ、細く裂いて炭火で焼いて酢醤油などで酒の肴とされる。松林に行くとしばしば取って捨てられたものが転がっているのを見かけるが、こちらの方たちの目的はどうやらマツタケらしい。

傘は通常10〜20㎝程度。初め丸山形で縁は内側に巻いているが、のちにはほぼ平らに開く。表面は多少なめし革様の感触があり、初め灰白色で中央灰褐色であるが、のちに中央で細かくひび割れてささくれ、暗灰褐色となる。肉は厚く丈夫で、ほぼ白色で、傷つくと淡紫灰色に変わる。傘裏は管孔状で、柄に垂生し、孔口はやや微細で白色をしている。柄は太短く、上部を除き傘と同色をしている。

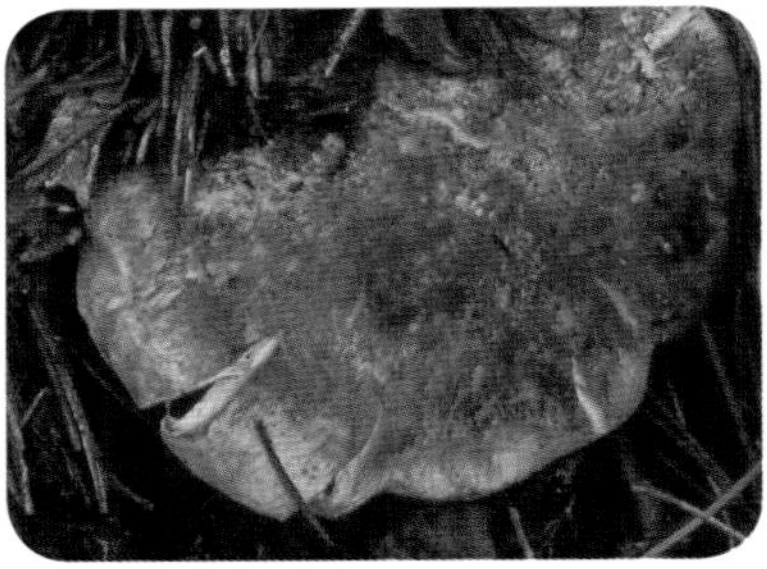

ところで、海外では近年、クロカワに類似するきのこに二種が存在することが報告されている（一九八九）。荒地や乾いた赤土などの環境のマツ属の林に発生する *Boletopsis grisea* と、トウヒ属の林の腐葉土上に発生する *B. leucomelaena* である。前者は傘が褐色を帯びた黒色で、傘肉は多少とも放射状に裂ける。後者は傘がより黒味が強く、傘肉はもろく裂けにくい。日本でクロカワといわれているものを見ると、どうやら同じく二種類が混同されているようだ。前者には工藤（二〇〇九）によりクロカワの和名が提唱されているので、後者の方は黒色がより濃いことから「マックロカワ」とでも名付けてみようか。

（工藤）

なめし革のような傘の表面

⑮ ヤマドリタケ

［学名］*Boletus edulis*
担子菌門　イグチ目
イグチ科

ヨーロッパではトリュフと並ぶ野生食用きのこの王者

ヤマドリタケはドイツではシュタインピルツ、フランスではセップ、イタリアではポルチーニと呼ばれ、ヨーロッパで古くから人々に愛されてきた美味な食菌である。国内においても冷凍品や乾燥品が輸入され、イタリア料理店などで高級食材として提供されている。果たしてそんな名高いきのこの王者は日本にも産するのだろうか？

実は日本にも古くから「やまどりいくち」あるいは「やまどりたけ」の名で記録されたイグチが存在する。20世紀中頃にそれらはヨーロッパ産の*Boletus edulis*と同一のものであるという見解が示されたが、その後、国内で確認されているものは外見的によく似た偽物であることが判明し、ヤマドリタケモドキという名に格下げされてしまった。しかし、アマチュア愛好家の熱意により、日本にも本物のヤマドリタケ*B. edulis*が分布しているという事実が定着してきた。近年の研究によれば国産とヨーロッパ産は遺伝的に同一のものであることが確認されている。

ヤマドリタケ
下左：ヤマドリの羽を思わせる色の傘、下右：気品ある網目模様

ヤマドリタケの名は鳥類のヤマドリに由来するという。ヤマドリタケの傘の色はヤマドリの羽の色と同じなのだ。柄を覆う網目模様は気品にあふれ、無骨な「モドキ」のそれとは一線を画している。

国内に広く分布しているヤマドリタケモドキは比較的低地の広葉樹林で見られるが、ヤマドリタケは寒冷な土地の針葉樹林で見ることができる。（種山）

⑯ オニフスベ

オニフスベの成菌。直径 30 cm 程。表面がひび割れつつある

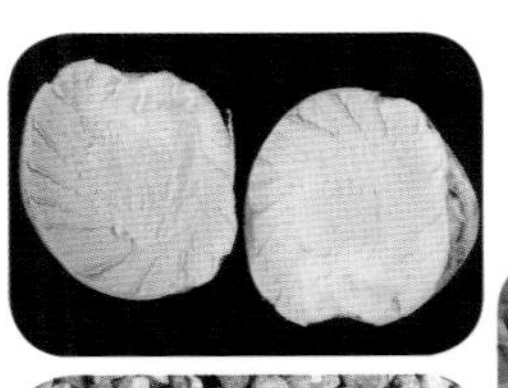

オニフスベの幼菌の断面。未熟なうちは内部が白色でマシュマロのよう

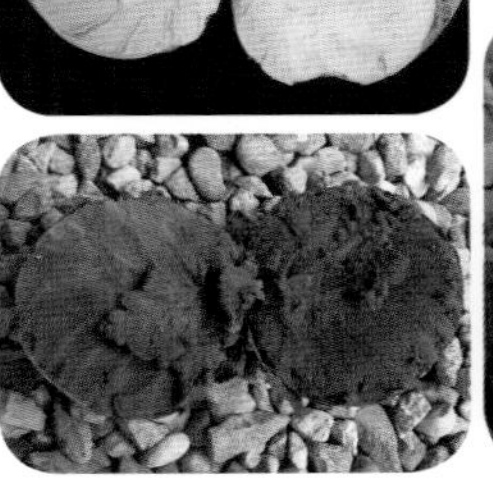

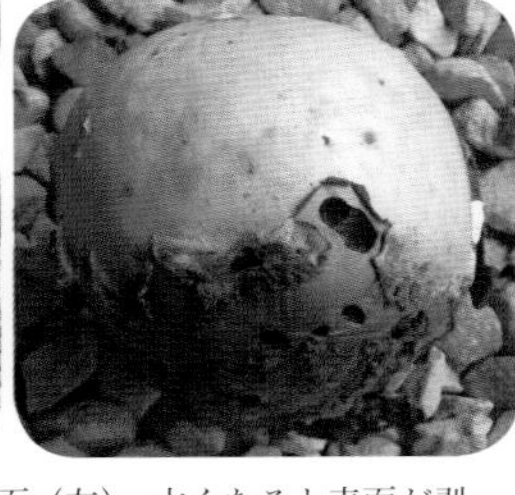

オニフスベの老菌とその断面（左）。古くなると表面が剥がれ落ち、茶褐色となる。内部は綿状の胞子が充満する

［学名］*Calvatia nipponica*
担子菌門　ハラタケ目
ハラタケ科

バレーボールの球、チンプクリン、それとも鬼の瘤？

オニフスベは、日本のきのこの中でも最大級の部類に入るであろう、巨大なきのこである。竹林、田畑の脇や人家の庭などに、バレーボールのような白色で球形のオニフスベが突如として出現し、騒ぎになることがある。オニフスベの「フスベ」とは瘤の意味で、巨大で丸いその形から「鬼の瘤」になぞらえた和名である。梅雨時から秋に、直径10～30㎝程のものがよく見られるが、大きなものでは直径50㎝程になる。このきのこはその巨大な姿から、古くから人目に触れていたようで「ヤブダマ」や「チンプクリン」など、地方によって様々な呼び名がある。ヤブダマの名は竹林によく発生することによるが、チンプクリンの由来は何だろうか。

オニフスベはホコリタケ（No.51）の仲間で、未熟なうちは表面・内部ともに白色で、弾力のあるマシュマロのようである。成熟するにつれて内部が黄褐色の粘土質となり、アンモニアに似た異臭を放ちながら、次第に茶褐色の綿状に変化する。綿状の塊には、粉のような胞子がぎっしりと含まれている。内部の変化に伴い、きのこの表面は次第にひび割れて、本体から剥がれ落ちていく。表面が剥がれ落ちると、綿状の塊のみが地表に残され、風雨によりそこから胞子が飛散し、やがては跡形もなく消え失せる。

オニフスベの仲間を中国で「馬勃」と呼ぶ。これは一説では馬のおならという意味で、胞子がおならのように吹き飛ぶさまを表したのだろう。また、オニフスベが所属するハラタケ科ノウタケ属の学名である*Calvatia*は、ラテン語で禿げ頭に由来する。これは、この属のきのこが球形で、表面がすべすべしていることを表している。古今東西を問わずユニークな呼び名を持ち、人々に愛されてきたきのこである。（糟谷）

⑰ キリノミタケ

［学名］*Chorioactis geaster*
子嚢菌門　チャワンタケ目
キリノミタケ科

裂開したキリノミタケ

産地が極めて限定的な絶滅危惧種

キリノミタケは、テキサス州と宮崎県という極めて稀な分布をしていたことから、「幻のきのこ」と呼ばれた。今では紀伊半島以西で確認されているが、日本では南九州に多く分布する。

照葉樹林の急斜面の土砂が流れ込む谷部で、地面に半ば埋もれた木片から発生していることが多い。きのこが出る木は急速に腐朽（ふきゅう）が進むイメージがあるが、腐朽速度は大変遅く、極めてゆっくりとした速度である。おそらく数十年単位、もしくはそれ以上の期間にわたる。

発生する材はカシの仲間で、表面は真っ黒になる。褐色腐朽菌の腐朽により黒く軟化した木片はよく見かけるが、キリノミタケが発生する材は極めて堅い。子実体（しじつたい）（きのこ）は材の地面に接する部分や蘚類などが付着した水気のあるところから発生する。

和名は裂開する前の姿が「桐の実」に似ていることに由来するが、アメリカでは「悪魔の葉巻（Devil's Ciger）」と呼ばれる。子実体から胞子が射出される様から、地底に棲む悪魔が地上に葉巻を突き出して煙を燻らせる姿をイメージしたようだ。

発生環境は日本ではカシの大木が立ち並ぶ湿度が高い照葉樹林の急斜面であるが、アメリカは大平原をゆったりと流れる川岸や湖畔の落葉広葉樹林で、シダーエルムというニレの仲間の切り株や根株から発生する。全く条件の異なる両地だが、川岸であるため、乾燥したテキサスでありながら水気はある程度は保たれる。しかし、広大なテキサスの大地においてこのような環境は極めて限られている。

日本においては、キリノミタケが見つかる森はカシ類が多い照葉樹林。テキサスは落葉広葉樹林で、ともに伐採や開発から免れてきた環境である。かつて、キリノミタケは世界に広く分布していたのかもしれない。安住の場はこの地球上にはほとんど残っておらず、全く異なる遠く離れた場所で細々と生きながらえているのだろう。

（黒木）

⑱ ツバキキンカクチャワンタケ

浅い皿型の部分だけが地表に出ている

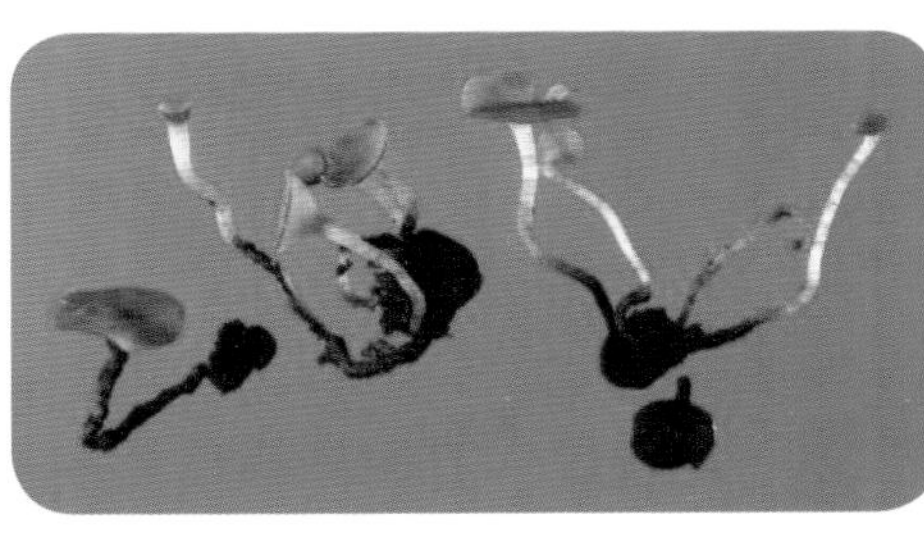

長い柄を持つ子実体が黒い菌核から生じている

［学名］*Ciborinia camelliae*
子嚢菌門　ビョウタケ目
キンカクキン科

菌核化したツバキやサザンカの花弁に発生し、春の訪れを告げる

年が明けて徐々に気温が上がり、雨や雪で空中湿度が上がると、筆者はいつも憂鬱になる。理由はもちろん、花粉症の季節が到来するからである。植物の反応は、気温に応じて正直なものだ。毎年、春になるとスギは花粉をまき散らす。しかし、そんななかで、楽しみにしていることもある。それがツバキキンカクチャワンタケを見つけることだ。

このきのこに出合うには、ツバキの木の下に積もった枯葉を少しどけてみるとよい。地上に数ミリから1㎝を少し超える程度の大きさの褐色の円盤状の子嚢盤（きのこ）を見つけることができる。湿度が高い地際に隠れているので、見つけるにはちょっと注意が必要だ。子嚢盤には長い柄が付いている。切れないようにそっと掘り出してみよう。柄は、前年のツバキの花びらの一部が菌糸で黒く変色し、変形した「菌核」という構造から生じている。菌核は、植物の組織が菌糸に置き換わったもので、栄養を蓄積し、越冬するための構造と考えられている。

一方、きのこの表面にふーっと息を吹きかけてみると、運がよければ（子嚢盤が熟していれば）一瞬の遅れの後に、白い胞子がいっせいに噴射される様子を見ることができる。きのこの表面には「子嚢」と呼ばれる胞子を含んだ袋が多数並んでおり、この袋から胞子が噴き出されるのだ。

ツバキキンカクチャワンタケは、例年、関東では、1月頃から4月頃まで見ることができる。ツバキの花とともに、まさに春の訪れをそっと教えてくれるきのこである。

（細矢）

⑲ クラドスポリウム・クラドスポリオイディス

［学名］*Cladosporium cladosporioides*
子嚢菌門　カプノジウム目
クラドスポリウム科

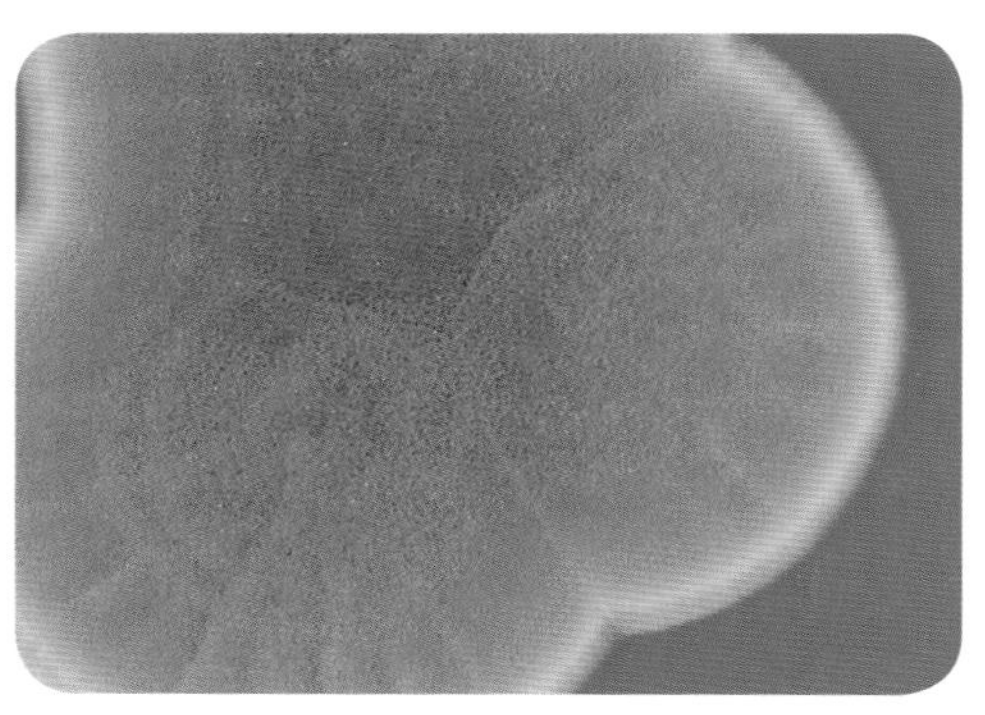

クラドスポリウム・クラドスポリオイディスの培地上のコロニー（集落）。褐色の粉状のものが胞子。縁辺部の色が薄いのは、胞子が未形成か、未熟なためである

胞子形成構造の拡大。形成された胞子は容易に離脱するので、スライドカルチャーという方法によって培養したもの。くびれた部分で細胞が分離して、胞子となる

日本でもっとも一般的な空中雑菌

本書は「日本菌類百選」だから、特殊な菌ばかり出ているかというと、そうではない。クラドスポリウム・クラドスポリオイデスは、日本中いたるところに出現する、汎日本分布の（おそらくアジア中どこにでもいる）カビなのである。そういうと読者の多くは、「小さい胞子を飛ばすので、カビなど、世界中どこに行っても同じように分布するのでは？」と思われるかもしれない。実際、菌類の分布にはそのような考え方は昔からあり、これを「everything everywhere（なんでも、どこにでも）」という。しかし、よく考えていただきたい。カビの中には、気流ではなく、水（雨や霧など）に散布を頼るものもあり、これらは比較的近距離の散布にしか向かないのではないか。また、宿主の選択性が高いもの（つまり相手の植物や動物に依存する）ものもあり、たとえ胞子が遠くに散布されたとしても、これらは定着できない可能性が高いのではないか。いやしかし、逆に宿主の選択性が低い腐生菌（生物の死骸や排泄物を分解して養分を得る菌）は、どんなに遠くに胞子が着地しても、生き残れるのではないか？

さて、実際、クラドスポリウムは大量にできた胞子を空気で飛ばして散布する。また、日本では、土壌や落葉や腐朽木など様々な基質に発生する、選択性が低い腐生菌である。にもかかわらず、ヨーロッパでは、このカビにはめったにお目にかかれない。同じような生育環境には別種 *Cladosporium herbarum* が生育するのだ。どうやら、カビのような微生物であっても、気温や湿度などのマクロな環境がその分布に影響を与えているらしい。ちっぽけなカビから世界スケールの生物の分布へ考えを誘うのがこのカビ *C. cladosporioides* なのである。ちなみに、clado- は、枝を意味し、-sporium は、胞子を意味する。菌糸が枝のように分枝すると、そのそれぞれが胞子となり、大量の胞子をつくる無駄のない胞子生産を行うカビである。

（細矢）

20 コレオフォーマ・エンペトリ

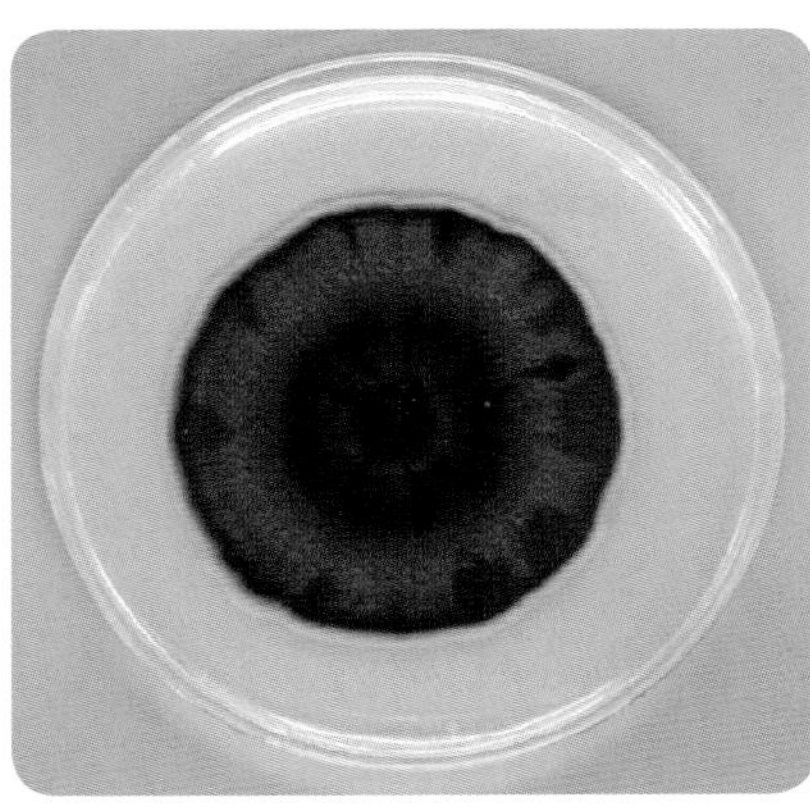

コレオフォーマ・エンペトリの培養菌体。全体に黒い菌糸体で、胞子はつくらない

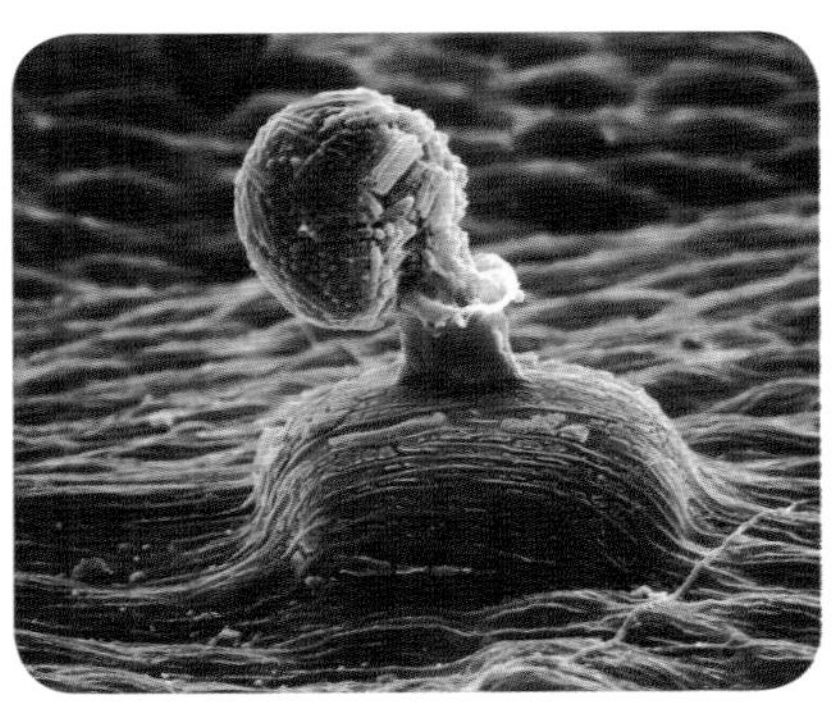

コレオフォーマ・エンペトリの子実体と胞子。植物葉の表面に生じた壺状の子実体から押し出された胞子が塊となっている

［学名］*Coleophoma empetri*
子嚢菌門　ビョウタケ目
デルマテア科

日本発の抗真菌剤の前駆体を生産

私たちの周りには様々な菌類が棲んでいる。それらを寒天培地で培養してみると、青カビや紅麹（べにこうじ）カビのように色鮮やかなコロニー（集落）を作る種類もいるが、ほとんどは白や灰色、黒など、特徴の乏しい菌で占められる。

コレオフォーマ・エンペトリもまた、培地上では胞子をつくらないただの黒い菌糸体である。しかしこの菌は、殺菌した植物の葉を載せた培地で培養すると、葉の表面に平たい壺状の子実体（しじったい）を形成する。子実体の中には長い円筒形の胞子が横一列につくられ、時間の経過とともに壺の口から外へと押し出される姿が見て取れる。ともすれば黒い菌の集団に埋もれてしまうコレオフォーマ・エンペトリが注目されるようになったきっかけは、ほかのカビや酵母の成長を抑える生産物質の存在にほかならない。

細菌による感染症の多くは抗生物質の登場で治る病気へと変わった。一方、人の体や空気中にいる普通の菌類が、免疫力の落ちた病人や高齢者の肺などを侵す病気が増えている。細菌を殺す抗生物質に比べて、治療に使える抗真菌剤は種類が少ない。菌類の細胞壁（動物の細胞にはない）を攻撃するアスペルギルス属菌の生産物質は、新たな治療薬として期待が寄せられたが、その開発は難航していた。

コレオフォーマ・エンペトリから発見された化合物は、アスペルギルス属菌の生産物質とほぼ同じ構造だったが、水によく溶ける特長を持っていた。この物質を前駆体として改良を重ねた結果、二〇〇二年に日本発の抗真菌剤が誕生したのである。目立たず、あまり知られていない菌類にも、秘めた可能性があることを教えてくれた一例といえよう。

（鶴海）

㉑ ヒトヨタケ

［学名］*Coprinopsis atramentaria*
担子菌門　ハラタケ目
ナヨタケ科

大きさ約10㎝。傘が開き始めるとひだの先端から黒くなって溶け始める

アスファルトで固められたところからでも発生することがある（撮影：大作晃一）

傘が開くと自分で溶け出す不思議なきのこ

草地、道端、庭などに、春から晩秋まで見られる。時にアスファルトを持ち上げて生えてくることもある。山のきのこではなく、里のきのこで、地中に埋もれた有機物などから発生する腐生性の種類である。

きのこを地上に発生させると胞子が成熟するに従い、自らの酵素によりひだや傘全体を溶かしてしまう。そのため「一夜茸」の和名がつけられた。ひだが溶けるのは、密なひだをもつヒトヨタケ類の胞子分散を順調に行うため、すなわち、ひだの先端（下）から順次胞子を成熟させ、役割を終えたひだを溶かして除去し、ひだ上部の胞子放出を邪魔しないようにするための工夫とされている。

このような性質を持つグループは、従来「ヒトヨタケ科ヒトヨタケ属」に分類され、形態や性質がとてもよく類似しているため、自然で近縁なまとまりのよいグループと考えられてきた。しかし近年のＤＮＡに基づいた研究により、ヒトヨタケ属の基準であったササクレヒトヨタケがハラタケ科の仲間であることが判明し、ヒトヨタケ科・属は解体され、いくつかのグループに分けられることになった。本種も現在ではヒメヒトヨタケ属の一種である。

胞子が未成熟できのこが溶ける前の若いものは、歯ごたえがよく意外に美味であるという。しかしアルコールとともに食すると、ひどい悪酔い状態になる。本菌に含まれるコプリンという成分の分解物がアルコールの代謝物であるアセトアルデヒドの分解を阻害するためである。食べたあとの効果は数日継続するという。

木材腐朽性のヒトヨタケ類の仲間は、最近の研究によりラン科植物に栄養を与えるラン型菌根菌のグループとしても知られるようになってきた。ラン科植物は、森の物質循環系の中で大規模に栄養を集めてくることができる菌類、例えば外生菌根菌類やナラタケなどの活発な木材腐朽菌類から、かなり一方的に栄養を得ていることが知られている。すぐ溶けてしまい、なんだか華奢に見えるヒトヨタケ類も、ラン科植物に選ばれたということは、地球の森の中の、実は強力な分解者なのかもしれない。（吹春）

㉒ サナギタケ

［学名］*Cordyceps militaris*
子嚢菌門　ニクザキン目
バッカクキン科

サナギタケ

掘り出したサナギタケ。ブナアオシャチホコから発生している

培地から生産した中国産サナギタケ。「金虫草」は商品名

蛾の蛹から発生する冬虫夏草（とうちゅうかそう）

約10年ごとに、東北のブナ林で気になることが起きている。東北のブナの林が坊主になる。犯人は、ブナアオシャチホコというガの幼虫である。でも、これではない。幼虫が大発生した翌年の夏、ブナの林床でおびただしい数のサナギタケが発生する。このきのこが出る前には蛹が殺されているので、昆虫界にサナギタケ菌による大流行病が起きたことになる。これが気になる。サナギタケはいろいろな種類のガの蛹から発生することが知られているが、特に東北ではブナアオシャチホコという特定の種が増えすぎないための重要な天敵の役割をしていることになる。八幡平（はちまんたい）ではサナギタケは7月下旬から8月中旬までの期間に発生する。夏の期間は林床のサナギタケの菌の活性も高く、お盆すぎから林床に潜り蛹になるこの虫は、次の春までに約9割が殺される。翌年もまた高率でブナアオシャチホコが死亡し、最終的にこの虫の大発生が止まりサナギタケは発生しなくなる。すると、またブナアオシャチホコが増えてくる。するとサナギタケが……、まるで草食動物と肉食動物の増える減るのいたちごっこのように、東北の山ではブナアオシャチホコとサナギタケのいたちごっこが続いている。

一方で、冬虫夏草類は、漢方薬や製薬、健康食品としても注目されている。サナギタケは、中国名では蛹虫草と呼ばれている（冬虫夏草とは呼ばれない）。この菌は培養がしやすく、一九三〇年代に日本人研究者が、米を培地にしてきのこ形成に成功した。中国や韓国でも穀類に接種して人工栽培したサナギタケ（きのこ）が販売されている。日本ではサナギタケそのものの形で売られていることはないが、お茶やエキス入りの焼酎が販売されている。

さて、サナギタケが米や穀類という純粋に植物からもきのこをつくれるとなると、サナギタケにとって蛹の意味とは何なのだろうか？　気になってきた。（佐藤）

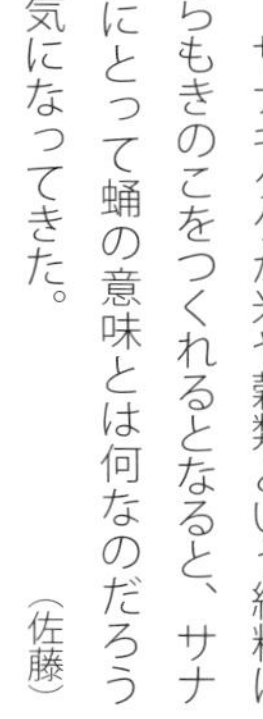

㉓ ショウゲンジ

[学名] *Cortinarius caperatus*
担子菌門　ハラタケ目
フウセンタケ科

常緑広葉樹林に発生したショウゲンジ。若い個体はやや薄い紫色をしているものもある

柄の上部に膜質のつば、柄の根元には不完全なつぼがある

和名はお寺の名に由来

ショウゲンジは秋の代表的な食用きのこひとつといえよう。漢字で書くと「正源寺（または性賢寺）」。その昔、この寺の僧侶が食べたのが始まりといわれている。鳥取県の西部では「しばかつぎ」と呼ばれ食用にされている。

傘は大きいものだと10㎝を超え、表面は初め帯白色からやや紫色の絹状繊維で覆われるが、次第に目立たなくなり、後に傘が開くと表面に放射状の皺が顕著に現れる。柄は太く中実で、柄の中ほどより少し上部に膜質のつばと、柄の根元に不完全で消失しやすいつぼがあるのが本菌の大きな特徴である。成熟したきのこのつばを見てみると、褐色に色づいていることが肉眼で分かるが、これは本菌の胞子が落下したものである。胞子を顕微鏡で観察すると錆褐色で表面に細かいいぼがあることが分かるだろう。よく似たきのこにキショウゲンジという種類があるが、きのこ全体が黄色く食用に適さない。

発生時期は秋。アカマツ林や雑木林を探すとよいだろう。林内に多数が散生するので運がよければ大収穫だ。肉はしっかりしているから歯切れがよく、鍋物や炒め物、和え物のほか、色々な料理に合う。

（牛島）

㉔ ヒトクチタケ

［学名］*Cryptoporus volvatus*
担子菌門　タマチョレイタケ目
タマチョレイタケ科

ヒトクチタケ

下面に口の開いたヒトクチタケ
（撮影：浅井郁夫）

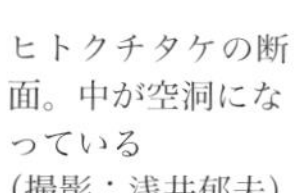

ヒトクチタケの断面。中が空洞になっている
（撮影：浅井郁夫）

一口茸、その名の由来はおちょぼ口

里山や海岸のマツが突然枯れる、いわゆるマツ枯れは、マツノマダラカミキリなどによって媒介されるマツノザイセンチュウという線虫によって引き起こされる感染症だ。枯れて間もないマツの幹には、しばしばニスを塗ったような蛤形の小さなきのこが生える。これがヒトクチタケだ。

ヒトクチタケはいわゆるサルノコシカケの一種である。サルノコシカケの仲間は「多孔菌」と呼ばれることもあるが、これはこの仲間の多くが傘の下面に多数の小さな孔を作り、網の目のようになることに由来する。一方、未成熟なヒトクチタケをひっくり返してみると微細な孔はなく、のっぺらぼうのようだ。ところがきのこが成熟すると、のっぺらぼうの一角に小さなおちょぼ口が一つ開く。これが「一口茸」のいわれである。

のっぺらぼうの皮を引き剥がして見ると、皮の下は空洞になっている。皮を剥いたヒトクチタケの下面には、他のサルノコシカケと同じく多数の孔が見える。この孔の中で、無数の胞子が形成される。多くのサルノコシカケとは違い、ヒトクチタケの胞子は成熟するまで、大切に奥の間に囲われているのだ。他のサルノコシカケ類には見られないこうした包皮は、乾燥した季節に胞子を形成するヒトクチタケの適応戦略と考えられている。

ヒトクチタケの空洞には、ゴミムシダマシなどの小さな昆虫が侵入して、ヒトクチタケの組織をエサにしている。ヒトクチタケの胞子はこうした昆虫によって外部に分散されるといわれているが、実際には小さなおちょぼ口を通じて、風によっても分散するらしい。

（服部）

㉕ヤチヒロヒダタケ

［学名］*Desarmillaria ectypa*
（［異名］*Armillaria ectypa*）
担子菌門　ハラタケ目
タマバリタケ科

ヤチヒロヒダタケの発生する休耕田のヨシ原（青森県青森市）

ヤチヒロヒダタケの子実体（きのこ）

日本に産する世界的な絶滅危惧種

生息地が限られ、この30年の間に発生数が激減しているきのこである。ヨーロッパでは、山地や高緯度地方の peat-bog（ミズゴケ類の生育する泥炭地、高層湿原）、あるいはスゲ類が生育する fen（無機塩類に飛んだアルカリ性ないし中性の地下水の供給を受けている泥炭地、低層湿原）に発生する。世界11カ国のレッドリストに掲載され、IUCN（国際自然保護連合）のレッドリストでも準絶滅危惧、日本でも環境省のレッドリスト二〇一五で絶滅危惧I類（CR＋EN）種に指定されている。

日本では、一九四九年に青森県、一九五〇年に群馬県尾瀬ヶ原で発見されたが、その後は長らく報告がなく、幻のきのことされた。二〇〇一年に青森県で再び複数箇所の生息地が確認され、二〇〇六年には京都府の八丁平湿原で確認された。

青森県での幻のきのこの生息地の再発見は、アマチュア菌類研究者の伊藤進博士の精力的な調査によるものである。伊藤氏は新聞で情報提供を広く呼びかけ、集まった情報に基づいてきのこの発生地13カ所（二〇〇一年当時）と過去に発生していた場所を明らかにした。ヤチヒロヒダタケのきのこの発生地は、青森県内ではすべて沖積平野の水田地帯、具体的には田の畦、休耕田、河川敷や川べりの湿地であった。さらに伊藤氏の調査で、本菌の発生地の減少原因について、水田の区画整理のための大規模土木工事や市街地化であることが示唆された。人間より前から青森の湿地に生息していたきのこは、人間が来てからは人間の作った水田という湿地で生きてきた。今後さらに環境が激変するとしたら、果たして生き長らえることができるのだろうか。

青森県のこの地方の多くの人にとってはヤチヒロヒダタケは身近な食用菌である。本菌のことを「タキノコ（田きのこ）」または「ヤチキノコ（谷地きのこ）」と呼んで佃煮などにして食していたという。

（太田）

㉖ コウヤクマンネンハリタケ

［学名］*Echinodontiellum japonicum*
担子菌門　ベニタケ目
マンネンハリタケ科

太古の森のカシに生える絶滅危惧種

初代天皇とされる神武天皇はその昔、現在の宮崎県に降り立ち、東征して現在の奈良県で天皇に即位したと伝えられる。宮崎県と奈良県、この離れた二県には「神武天皇ゆかりの地」に加え、もう一つの共通点がある。珍菌コウヤクマンネンハリタケの確実な産地がこの二県なのだ。

コウヤクマンネンハリタケは、奈良の春日山原始林（花山）で採集された標本を元に、日本人研究者によって新種として記載された。その後、宮崎県の数カ所から発見されるとともに、春日山からも再発見されたが、依然国内からの記録地は数える程しかない。最近は春日山からの採集記録がなく、現在も発生が確認されているのは、宮崎県綾の照葉樹林など数カ所だけだ。

コウヤクマンネンハリタケのきのこは硬い木質で、傘の下面には剣山のような硬い針が密生する。硬く多年生のきのこを作るサルノコシカケ類は数多いが、そのうち下面が針状になるマンネンハリタケの仲間は、世界でも数種しか知られていない。しかも、その多くはコウヤクマンネンハリタケと同様、限られた地域からしか知られない珍品だ。ただし、最近のDNAを用いた研究の結果、マンネンハリタケの仲間は、実際には系統の異なる種の寄せ集めであることが分かってきた。

傘の下面に硬い針が密生したコウヤクマンネンハリタケ（撮影：黒木秀一）

コウヤクマンネンハリタケの産地は奈良と宮崎に分断されているが、産地はいずれも人手のあまり入っていない原生林的な照葉樹林だ。カシ類に生えるとされるが、近年確認された宿主はほとんどがツクバネガシということだ。近畿地方や九州にはシイやアラカシの若い林があちらこちらに見られるが、そうした林でこのきのこと出合うことはない。人手の入った林では暮らしていけないのだろう。もしかすると、モノノケが支配していた太古の日本では、このきのこはどこにでもある普通種だったのかもしれない。（服部）

㉗ クサウラベニタケ

［学名］*Entoloma rhodopolium*
担子菌門　ハラタケ目
イッポンシメジ科

シラカシ林に生えた個体。地味で無難なきのこに見える

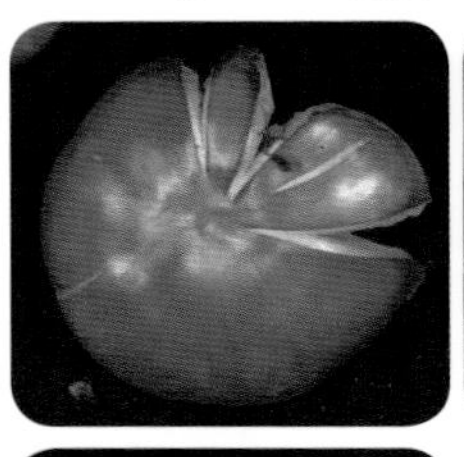

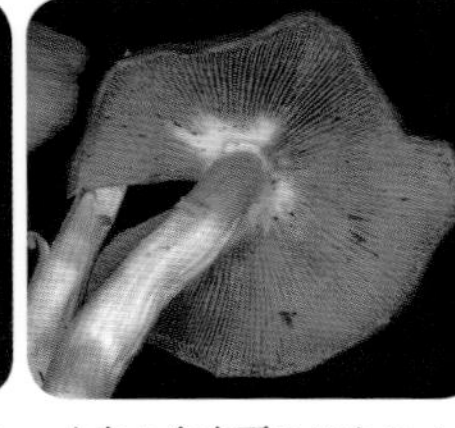

上左：傘表面にはウラベニホテイシメジに見られるような模様がない
上右：成熟した個体のひだは明らかに肉色に染まる
左：ややがっしりした個体。ひだはピンク色に染まる

毎年のきのこ中毒の常連メンバー

ニガクリタケ〔No.41〕、ツキヨタケ〔No.60〕、カキシメジ〔No.99〕などと並び、日本で最も中毒例の多い毒きのこの一つとして知られる。本種は発生量も多く、一見すると地味で美味しそうだから、毒きのこと知らず食べてしまう気持ちも分からなくはない。ただし、少しでもきのこのことを知っていれば、知らないきのこは食べない、というのが原則である。だから、中毒事故の大半は、クサウラベニタケを他の食用きのこと間違って食べたことが原因だろう。

本種による中毒事故は、新聞記事などで毎年見かけるのだが、興味深いのはどのきのこと間違って食べてしまったか、である。最も考えられるのは、同じくイッポンシメジ科に属する食用のウラベニホテイシメジ〔No.28〕と間違えた可能性だ。近縁種だけあって、姿形はとてもよく似ている。典型的にはウラベニホテイシメジのほうが大型でがっしりしているのだが、判断に迷う個体も多い。少なくとも小型で柄が中空の個体（全体的にひょろっとした印象）は、クサウラベニタケの可能性が高いとみなして、食べないのが無難である。

やや理解に苦しむのは、本種をホンシメジ〔No.54〕やハタケシメジ〔No.52〕と間違って食べた、という報告である。確かにいずれも地味で灰色っぽいきのこであるから、似ている点はあるかもしれない。だが、クサウラベニタケはイッポンシメジ科のきのこ。ホンシメジやハタケシメジはシメジ科のきのこで、科レベルで全く異なる。どちらも科名に「シメジ」とつくが、少し気をつければ簡単に見分けることができる。

イッポンシメジ科のきのこは、ほぼ例外なしに胞子がピンク色をしている。だから成熟したきのこのひだを見ると、明らかにピンク色（もしくは肉色、赤っぽい色）に染まってくる。シメジ科のきのこは白色の胞子を持つので、必ずひだを見ることが大切だ。

（保坂）

㉘ウラベニホテイシメジ

［学名］*Entoloma sarcopum*
担子菌門　ハラタケ目
イッポンシメジ科

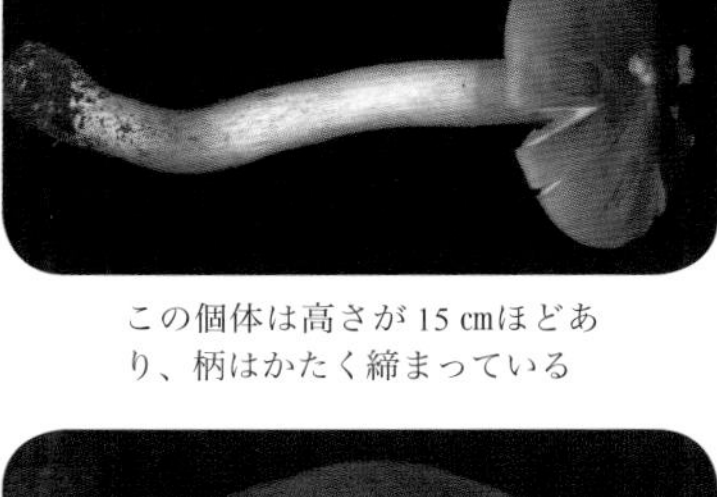
この個体は高さが15㎝ほどあり、柄はかたく締まっている

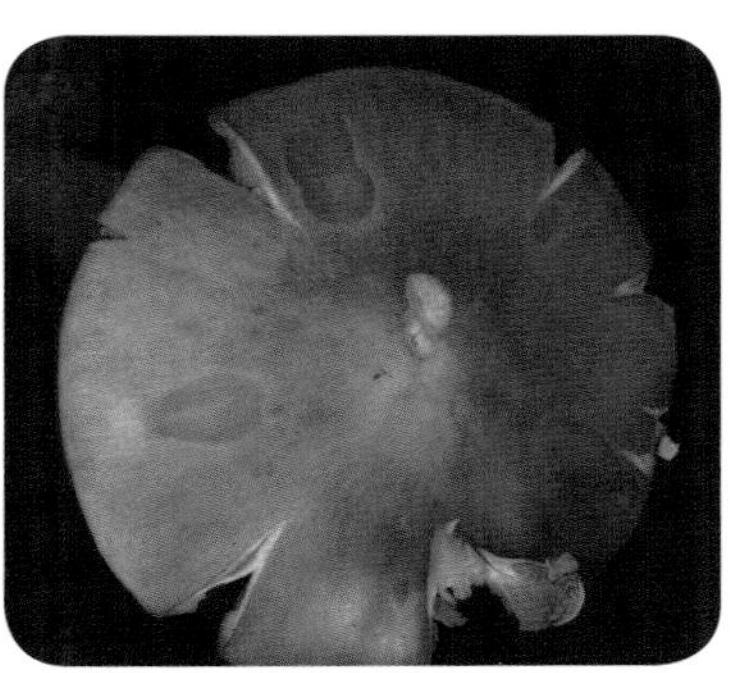
傘表面のクレーターのような模様や「かすり模様」は本種の大きな特徴である

成熟したひだは、他のイッポンシメジ属菌と同じくピンク色になる

秋の雑木林の代表選手

美味しい食用きのこである。マツタケ〔No.97〕やイグチ類と同じく菌根性(きんこんせい)なので、生きた樹木が周りにないと発生しない。だから人工栽培が困難な食用きのこである。和名に「シメジ」とつくが、いわゆる「シメジ」であるホンシメジ〔No.54〕やシャカシメジ〔No.53〕などを含むシメジ科のきのこではない。ソライロタケ〔No.29〕やクサウラベニタケ〔No.27〕などと同じく、成熟した胞子がピンク色になる、イッポンシメジ科のきのこである。

美味しい、といったが、万人受けする味ではないかもしれない。苦味があるので、好きになれない人も多いだろう。さらに、よく似た近縁種に毒きのこのクサウラベニタケがある。この二種はきのこ名人でも間違える、といわれることがある。毒きのこかもしれない、とびくびくしながら苦味のあるきのこを食べる、というのはあまり気持ちの良いことではないかもしれない。

クサウラベニタケとの区別は難しい場合もあるが、典型的な個体であれば比較的簡単である。まず全体的に大型でがっしりしており、柄が中実(中に肉が詰まっており、中空でない)であれば、ウラベニホテイシメジである可能性が高い。さらに傘の表面を見て、「かすり模様」や「指で押したような紋」があれば、まず間違いない。少しでも怪しかったら食べない、というのが無難である。

きのこの中でもピンク色の胞子を持つのは、本種を含むイッポンシメジ科以外には、ウラベニガサ科など少数しか存在しない。さらにイッポンシメジ科に特徴的なのは、胞子が角ばっている、ということだ。ほとんどのきのこの胞子は丸っこい(球形~楕円形など)のだが、イッポンシメジ科の胞子を顕微鏡で見ると、正方形~五角形~六角形など、ゴツゴツした形をしており、観察していてとても楽しくなるきのこである。

(保坂)

㉙ ソライロタケ

［学名］*Entoloma virescens*
担子菌門　ハラタケ目
イッポンシメジ科

水色がよく目立つ。ただし薄暗い森の中では意外と見落としがち

ひだは成熟すると胞子の色でピンク色に染まる

青色が濃い個体もある

全身をブルーに染めた宝石

和名のとおり青い色が美しいきのこである。いかにもエキゾチックな色合いであるが、れっきとした日本のきのこである。ただし、熱心なきのこ好きを除くと、このきのこを実際に見たことのある人は稀であろう。

きれいなきのこなので、日本で手に入る大抵のきのこ図鑑には掲載されている。しかし「発生は稀」と記載されていることが多い。出るところには出るが、なかなか確実に見ることはできない、というきのこなのだろう。よく発生する「シロ」を知っているならともかく、林を漠然と歩いていれば見つかる、という類のきのこではなさそうだ。

日本国内における発生範囲は広く、東北から沖縄にかけて知られている。北海道のきのこ図鑑には掲載されていないし、聞き取り調査などをしても見たことのある人はこれまで出会ったことはないので、北海道には分布していない可能性がある。となると、やや南方系のきのこなのかもしれない。ただし、南に行けばより頻繁に発生するかというと、必ずしもそうではないようだ。

日本以外でもソライロタケおよび類似するイッポンシメジ属のきのこは複数種報告されている。しかし、その中でも最初に青いきのことして新種記載されたのは、日本産のソライロタケだ。しかも本州のはるか南に位置する、小笠原諸島の個体に基づいて記載された。現在でも小笠原諸島・父島の森を歩くと、かなりの頻度でソライロタケを見つけることができる。だが地元の人にとっても、それほど馴染みのあるきのこではないようだ。

色々と謎の多いきのこだ。なぜ青色をしているのか。本州での発生は本当に稀なのか。明らかに青色のきのこなのに、学名の種小名（しゅしょうめい）が*virescens*（ラテン語で「緑色の」のような意味）なのはなぜか。* 採集、記載されたのが一八〇〇年代後半なので、当時の状況を探るのはなかなか大変そうである。

（保坂）

＊生物の学名は原則ラテン語でつくられ、属名と種小名の組み合わせで種名となる。ソライロタケの場合は属名が*Entoloma*、種小名が*virescens*で、*Entoloma virescens*という種名となる。

30 カンゾウタケ

［学名］*Fistulina hepatica*
担子菌門　ハラタケ目
カンゾウタケ科

形はまさにレバー、さてそのお味は？

森林公園や里山を歩いていると、梅雨の頃から、ブナ科、とくにシイ類の根本の窪んだところから発生する扇形あるいはへら形で、ワイン色から赤褐色のきのこに出合える。このきのこ、一見、硬質菌のサルノコシカケの仲間に思えるが、手に取ってみると、結構軟らかく、硬めのスポンジのような感触がある。大きさは幅が20㎝程度にまでなり、厚みも2㎝位になる。下側を見ると、非常に細かな孔（管孔）があいている。これがカンゾウタケである。このような特徴からサルノコシカケ類の仲間のようにも思えるが、ルーペ等で少し拡大してみると、傘の下面の表層に孔があいているのではなく、一本一本が独立した円筒形の管がびっしりと密に配列しているのである。それぞれの管の内壁面に次のきのこを作る基になる担子胞子が形成され、きのこが成熟すると、管口から放出される。

カンゾウタケは、従来ヒダナシタケ類とされていたが、最近のDNAを用いた分子系統解析の結果、マンネンタケやコフキサルノコシカケなどのタマチョレイタケ目とは系統的には異なり、ハラタケ目のスエヒロタケやヌルデタケと近縁であることが明らかにされている。また、きのこの全体の形や色に加えて、きのこをナイフなどで切断すると、切断面も薄いワイン色を呈し、少し指で摘むと、ワイン色の汁液が滲み出る。このような特徴が、動物の「肝臓」を思わせるために、学名の「サルコドン・ヘパティカ」の「ヘパティカ」（種小名）は肝臓を意味するラテン語であり、和名もこの種小名に由来する。このきのこは古くから食用とされ、傘下面の管の部分を取り除き、酸味はあるが生のままでサラダ等の具材として、また炒め物や汁物の具材として用いられている。

（前川）

肝臓のような形と色をした全形（左）とその縦断面（右）

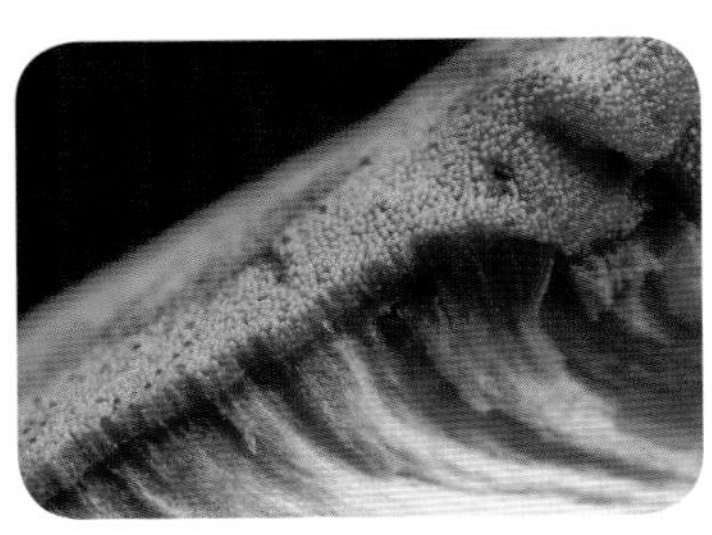

きのこの傘下面の表層部は微小な管がびっしり並んでいる

㉛ エノキタケ

［学名］*Flammulina velutipes*
担子菌門　ハラタケ目
タマバリタケ科

栽培モノとは大違い、雪の下でも元気なきのこ

晩秋から春にかけて広葉樹の枯幹や切り株などに発生（撮影：阿部実）

傘には粘性があり、柄はビロード状で下部は黒褐色

わが国で最も生産量の多いきのこで、栽培品は全体が純白

きのこといえば、季節は「秋」を思い浮かべる人が多い。しかし、種類の多少はあるものの、厳冬期を除けばどこかで発生しており、偶然見つけたきのこを前にして立ち止まり、その多様な形や色、不思議な暮らしぶりに驚かされることも多い。こうした思いがけない出合いは、きのこ好きの醍醐味の一つであり、やがて離れられない存在になっていく。

エノキタケは晩秋から春にかけて、エノキ、カキ、クワ、ポプラなどの広葉樹の枯幹や切り株などに発生し、人家の近くで見つかることも多い。傘の表面は黄褐色で粘性があり、柄は傘とほぼ同色で下部は黒褐色、全体が短い毛に覆われビロードのような感触がある。マーケットで見かけるあの白いエノキタケの姿から、野生でのこうした形質が連想できる人は少ないかもしれない。

欧米では、ウインター・マッシュルームと呼ばれるが、雪の下でも生育可能な低温に強いきのこだ。わが国では、冬の季節を表わしたユキノシタ、ユキモタセ、傘の粘性を表わしたナメラッコ、ナメススキなどの方言名がある。このきのこの魅力は、甘い香りとシャキシャキとした歯触りのよさ、そして冬季にも自然発生するパワーかもしれない。

エノキタケは日本一の生産量を誇る栽培きのこで、長野県が主産県だ。昭和30年代に長野県北信地方において、冬の副業としておが粉を利用したビン栽培が本格的に始められた。エノキタケの醤油漬け加工品は「ナメ茸」などの商品名で販売されているが、懐かしい味のロングセラー商品だ。最近は「えのき氷」が一躍有名となり、わが家でも冷凍庫の定位置を占めるようになっている。（中澤）

㉜ ツリガネタケ

ブナの木の幹に生えるツリガネタケ

ツリガネタケの子実体をほぐしたもの。火をつけると線香のようにじわじわと燃える

［学名］*Fomes fomentarius*
担子菌門　タマチョレイタケ目
タマチョレイタケ科

火口としても利用されたきのこ

一九九一年の夏、イタリアとオーストリアの国境付近の「エッツタール渓」という谷で、ミイラ化した遺体が発見された。当初最近の遭難者と考えられたこの遺体は、調査の結果、五千年も前の人の「行き倒れ」であることが判明し、「アイスマン」あるいは「エッツィー」として知られることになった。アイスマンは葬儀を経ることなく遺体となったので、その装具は当時の人たちの生活を知るための貴重な資料となっている。

アイスマンはきのこを二種類持っていた。現在では研究の結果、これらの種類も判明している。片方は、奇妙な形に加工されたカンバタケ（宗教上の道具と考えられている）、そしてもう一つは石で叩かれてバラバラの菌糸となったツリガネタケである。このツリガネタケの菌糸には黄鉄鉱が付着しており、着火剤（火口）として利用されたと考えられている。アイスマンは、人類史上最古の、火を携行したヒトを示す資料であり、その背景にはきのこの存在があったのである。

ところでこのツリガネタケは日本にも分布している。日本の冷温帯の代表的植生であるブナの木に発生し、広く分布する。そして、時に樹木の病害（ブナ幹心腐病など）を起こす腐朽菌でもある。ツリガネタケという名前は、その名のとおり、釣鐘状に年を重ねて成長するきのこの形に由来している。しかし、水平に広がり、いわゆるサルノコシカケ型に成長する形態のものも知られている。ツリガネタケには「ほくちたけ」という地方名も知られている（実は複数の種類のきのこが「ほくちたけ」という名称で呼ばれている）。実際、ホクチタケの菌糸をほぐして火をつけると、線香のようにじわじわと燃えていく。この火を木の葉のような燃えやすいものに移し、火を育てる。

太古の西洋の文化と日本の民俗が同じきのこで結び付いていると思うと面白い。

（細矢）

㉝ エブリコ

針葉樹の老齢林に発生するエブリコ、円内＝子実体の断面
（撮影：小山明人）

［学名］*Fomitopsis officinalis*
担子菌門　タマチョレイタケ目
ツガサルノコシカケ科

アイヌの人たちも利用した古代ギリシャの薬用サルノコシカケ

「サルノコシカケ」といえば薬を思い浮かべる人も多いだろう。実際、世界各地でいろいろな種類のサルノコシカケが民間薬として用いられているが、その中でもエブリコは由緒正しいものの一つといってよいだろう。古代ギリシャ時代には、このきのこが薬として用いられていたことが、薬草学者ディオスコリデスによって記されている。ヨーロッパだけではない。エブリコはアメリカ先住民や、アイヌの人々にも薬として用いられていたという。

世界各地で利用されてきたエブリコであるが、その子実体（しじつたい）を見る機会はあまり多くない。このきのこはカラマツなどの老齢林に大径木に発生するため、その発生はカラマツなどの老齢林に限られるためだ。このため、針葉樹の原生林的森林が著しく減少した国では、このきのこの絶滅が危惧されている。

エブリコは古代ギリシャではアガリコンと呼ばれており、そのラテン語綴りであるアガリクム（*Agaricum*）が、エブリコの学名（属名）として用いられたこともある。一方、分類学の父と呼ばれるリンネは、アガリクムと同語にあたるアガリクス（*Agaricus*）を傘の下にひだができる、最も「きのこ的」なきのこの属名として用いてしまった。現在では、アガリクスはエブリコとは縁もゆかりもないツクリタケ（マッシュルーム）などを含む属名（和名：ハラタケ属）として用いられている。アガリクスは「きのこ的」なきのこの代表属ということで、ハラタケ科（Agaricaceae）やハラタケ目（Agaricales）、さらにはエブリコなどのサルノコシカケ類も含まれるハラタケ綱（Agaricomycetes）といった高次の分類群名にも用いられている。名前を取られてしまったエブリコは悔しい思いをしているかもしれない。

（服部）

34 イネ馬鹿苗病菌

［学名］*Fusarium fujikuroi*
子嚢菌門　ボタンタケ目
アカツブタケ科

稲の種籾に寄生して苗の徒長を引き起こす、植物ホルモン「ジベレリン」の生産菌

春先の田植え前の苗代でひょろ長く苗が伸びすぎる病害が発生することがある。イネ馬鹿苗病である。植物病原菌のフザリウム属菌の一種、フザリウム・フジクロイが稲の種籾に感染して、植物成長ホルモンであるジベレリンを生産することで苗は徒長する。重症の苗は枯れてしまう。種子伝染性で、種籾の消毒が重要だが、殺菌剤が利きにくい耐性菌が近年増えてきた。

本田でも、徒長した稲の発病株を時に見かける。節間、葉鞘が強度に伸長して、全体が黄化、病勢が進むと枯死する。世界的に有名な病害で、身も蓋もないネーミングではあるが、英語でも Bakanae-disease と呼ばれる。明治〜大正初期に、日本で堀正太郎が、台湾で藤黒與三郎が本病を初報告し、種小名のフジクロイは、原因菌を突き止めた台湾農事試験場の澤田兼吉が藤黒を記念して決定した。また、ジベレリンの名前も本菌の旧学名ジベレラ・フジクロイに由来するものである。（青木）

苗代で徒長した田植え用の稲の苗

◀発芽した種籾にイネ馬鹿苗病菌の菌糸が絡みつく

イネ馬鹿苗病菌の大型分生子は多細胞▶

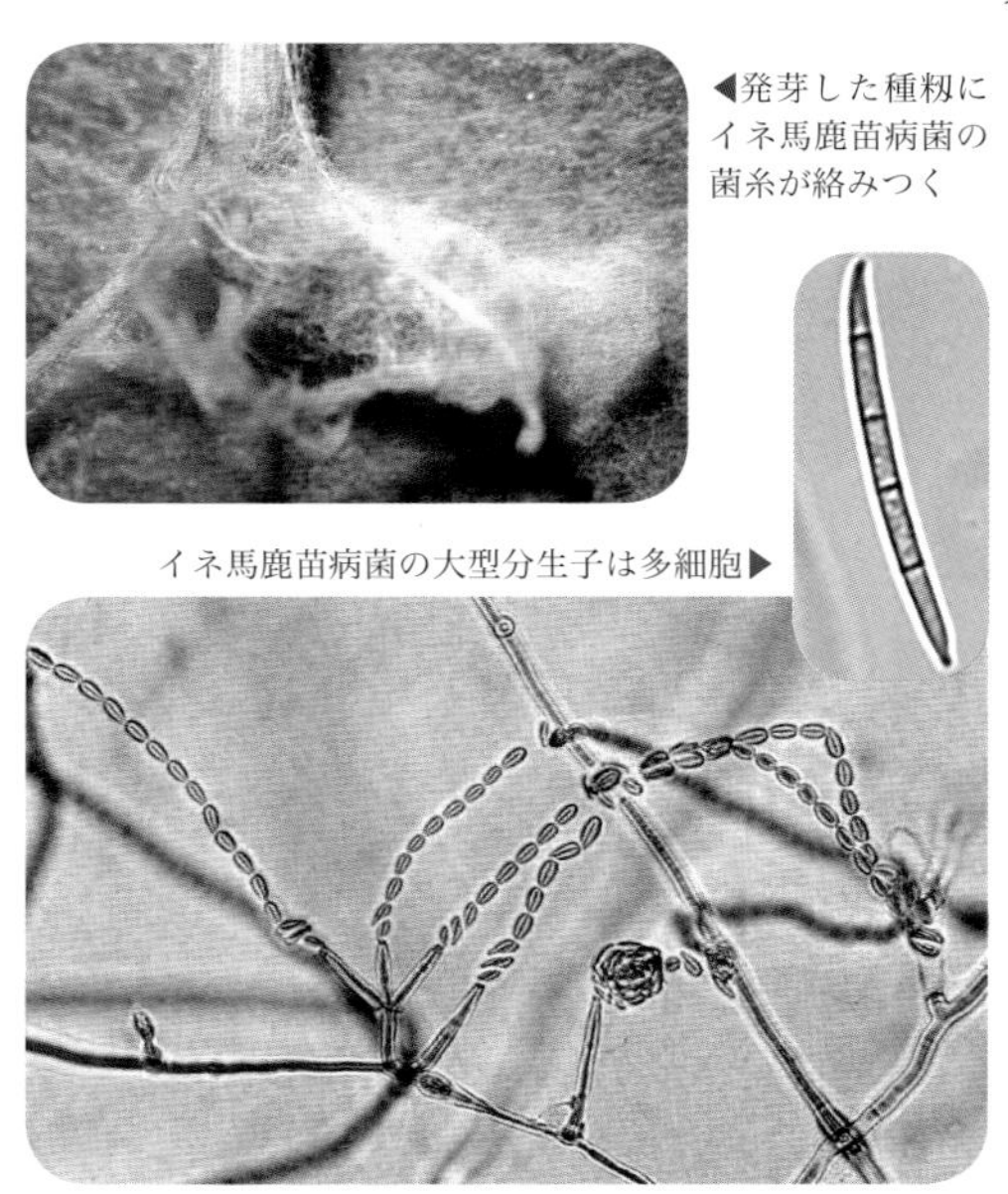

イネ馬鹿苗病菌の小型分生子は多数が数珠状に連鎖する

㉟ コレラタケ

［学名］*Galerina fasciculata*
担子菌門　ハラタケ目
ヒメノガステル科

中毒症状はコレラにそっくり、必殺の毒きのこ

コレラタケは日本で本郷次雄により新種登録されたきのこであり、当初はドクアジロガサという和名であった。アジロガサ（網代傘）は、修行僧のかぶっている傘に代表されるように、薄くした竹などで編んだ傘のこと（網代とは、網の代わりに、魚を捕るときに川に仕掛けた竹や木を組んだ網状のもの）。きのこの傘の形から付けた名前であったが、あまりに毒性が強く、コレラのような中毒症状を引き起こすことから、注意を喚起する目的で改名された。種小名の *fasciculata* は、朽ち木から束になって発生する性質が採用されている。

食菌であるセンボンイチメガサやナラタケ〔No.8〕と似ていることから、間違って採集されるようであるが、本種とよく似たヒメアジロガサを含め、ケコガサタケ属には有毒種が多いため、似たきのこを採集する際には、しっかりとした知識が必要である。

中毒症状は食べてから数時間後に猛烈な下痢（コレラに似ている）が起こるが、一日程で回復する。その後数日して肝臓肥大、黄疸、胃腸の出血などの症状が現れ、内臓細胞が破壊されて修復不可能になり死に至ることもある。毒成分はアマトキシン類（α-アマニチンをはじめとした数個～10個程の環状ペプチド）であり、猛毒きのこタマゴテングタケ〔No.5〕の毒成分でもある。α-アマニチンはRNAポリメラーゼを阻害する作用があるため、DNAの複製がストップしてしまう。これは生命活動が止まることを意味する。ただ、α-アマニチンは生化学研究には欠かせない試薬であり、タマゴテングタケから抽出精製されたものが高価であるが販売されている。タマゴテングタケは菌根菌であるため栽培は難しいが、コレラタケは木材腐朽菌なので、栽培すれば試薬の供給に貢献できるかもしれない。全く異なる属のきのこが非常に複雑な構造の毒を共通に持っている意味は何なのだろうか？

（橋本）

毒性の強いコレラタケ
（撮影：森本繁雄）

ナラタケの一種。
コレラタケは食菌のナラタケとよく似ているので注意が必要

36 キツネノサカズキ

［学名］*Galiella japonica*
子嚢菌門　チャワンタケ目
クロチャワンタケ科

キツネノサカズキはまわりの色に同化するため注意深く地面を見る必要がある（撮影：陶山舞）

キツネノサカズキと勘違いされたシロキツネノサカズキ。赤い子嚢盤と白い毛が特徴

日本固有の絶滅危惧種

筆者が初めてキツネノサカズキに出合ったのは初夏のアカマツ林を散策していた時だった。王冠をひっくり返したような特徴的な形をしているが、アカマツの落ち葉と似た色のため、木陰で一息ついていなければおそらく見落としていただろう。

5㎝ほどの小さな子実体（きのこ）には短い柄がついており、褐色の子嚢盤は中心部がへこみ椀状をしている。そっと手に取ると、柄の根元から伸びた黒色の菌糸がアカマツの枯れ葉や土にしっかりと絡まっていた。柄や子実体の表面には黒色の短毛がビロードのように生えており手触りもよく、まさに狐が盃に化けたようである。

キツネノサカズキは一九二一年に安田篤が新種として和文誌で発表したのち、一九八〇年に大谷吉雄が改めて正式に記載した。学名には「日本の」という意味の「japonica」が使われる日本固有種だが、掲載されている図鑑は多くはない。その理由は、発生が非常に稀であり分布域も限られたきのこ、いわゆる珍菌だからだ。安田の発表以来、約60年もの間発見されることはなく、大谷も再度採集されることを長い間願っていた。珍菌であるがゆえ、他のきのこと間違われることもあり、キツネノサカズキを発見したとの一報を受けて大谷が現地へ向かったところ、発見者がシロキツネノサカズキと勘違いしており落胆した、という逸話も残っている。

現在もキツネノサカズキは絶滅危惧種Ⅱ類に指定され、各地では情報不足となっている。未だに発見されていない生息地があることも大いに考えられるが、もし、この本を読んだ皆さんがキツネノサカズキを見つけても、ひっそり生きるその姿と貴重な生息地を見守っていただきたい。

（大沢＋出川）

37 マンネンタケ

マンネンタケ

マンネンタケの幼菌。黄白色〜黄色をしている

［学名］*Ganoderma lingzhi*
担子菌門　タマチョレイタケ目
タマチョレイタケ科

重宝がられる縁起物

マンネンタケの傘にはニスを塗ったような光沢があり、その美しさは半永久的に褪せないことから「万年茸」の和名がついたという。古くから縁起物として、床飾りなどにされてきた。霊芝（レイシ）と呼んだ方が、通りがいいかもしれない。

医薬品や民間薬として用いられるきのこは数多いが、そのなかでもマンネンタケは王様格だろう。マンネンタケは、健康食品やサプリメントなどとして高値で販売されていることから、深山に出掛けないと見られない珍種と思うかもしれない。しかし実際にはマンネンタケは普通種で、都会の街路樹や公園の枯木、その周辺の地上に生えているのをよく見かける。ただし、「万年」という名前がついてはいるものの虫に食われやすく、野外では数週間もすればボロボロになり、消えてしまうことが多い。

マンネンタケの仲間は概して色や形状の変化が多いことから、同一種に対してしばしば多くの学名が与えられてきた。一方、近年の分子生物学的研究の結果、形態からはほとんど区別のできない類似の別種が存在することが分かってきた。日本や中国に分布するマンネンタケは、これまで*Ganoderma lucidum*というヨーロッパ産のものと同じ名前が使われてきた。しかし、遺伝子から見ると、ヨーロッパのものとは別種とするのが適当らしい。

新しい学名をどうするかは、マンネンタケに思い入れの強い中国人研究者の間でも意見が分かれているが、今のところ*G. lingzhi*と、種小名（しゅしょうめい）に「霊芝」の中国読みをあてた新名の使用がやや優勢のようである。実は随分以前に、日本産のマンネンタケを元に発表されたと思われる古い学名がいくつか存在している。学名命名のルールからすると、そちらを優先するという選択肢もあるのだが、命名の元となった標本からは、すでに遺伝子の解析は不可能と思われる。ややこしいことはいわず、新しい学名を受け入れるのが時代の流れなのだろうか。

（服部）

38 マイタケ

［学名］*Grifola frondosa*
担子菌門　タマチョレイタケ目
ツガサルノコシカケ科

見つければ踊りたくなるほど嬉しい食用きのこ

秋にミズナラ、クリ、シイなどの大木の根元に発生するが、圧倒的に多い発生場所はミズナラ老齢木の地際部だ。多数に分枝した白い柄と灰褐色～暗褐色のへら形の傘の集団からなり、大きな株では直径が40～50㎝になる。ミズナラは英語でキング・オブ・フォレスト（森の王様）。この樹木の恵みを受けて発生するマイタケは、香りと旨味、歯切れのよさが特徴で、ある意味で「きのこの王様」といえるかもしれない。

マイタケはきりたんぽ、比内地鶏、セリ、ネギ、ゴボウ、白滝とともに、秋田県の郷土料理「きりたんぽ鍋」の主要な具材とされ、天然産が1kgあたり数万円で取引きされることもあったという。そんな幻の高級きのこの栽培が広く紹介されたのは、昭和49年に日本で開催された「第九回国際食用きのこ会議」での発生展示が最初と思われる。その後、生産者への普及が進められ、昭和56年には林野庁の生産統計に生産量325tが掲載された。現在は、袋やビンによる菌床栽培が中心であるが、一部地域では原木栽培も行われている。

名前の由来については、柄と傘との重なり合いが着物姿の人が袖をひるがえして舞っているように見えるから、また大きな株を見つけた時には舞い踊りたくなるほどの嬉しさからという二つの説がある。いずれもこのきのこの特徴をよく表わした由来だ。

茶碗蒸しにマイタケを入れると、蒸しても固まらない。これはタンパク質分解酵素の熱耐性が強く、卵に含まれるタンパク質（卵白アルブミン）に強い分解作用を示すからだ。そこで、酵素の働きを無力化させるため、一度茹でてから使用することが調理上のコツといえる。なお、筆者のお薦め料理は、マイタケのフライをあつあつで食べることだ。（中澤）

主にミズナラの大木の地際部に発生し、材の白腐れを起こす（撮影：田中誠）

上左：菌床を土壌に埋没することで天然産に近いものが発生

上右：袋とビンによる菌床栽培で栽培されている

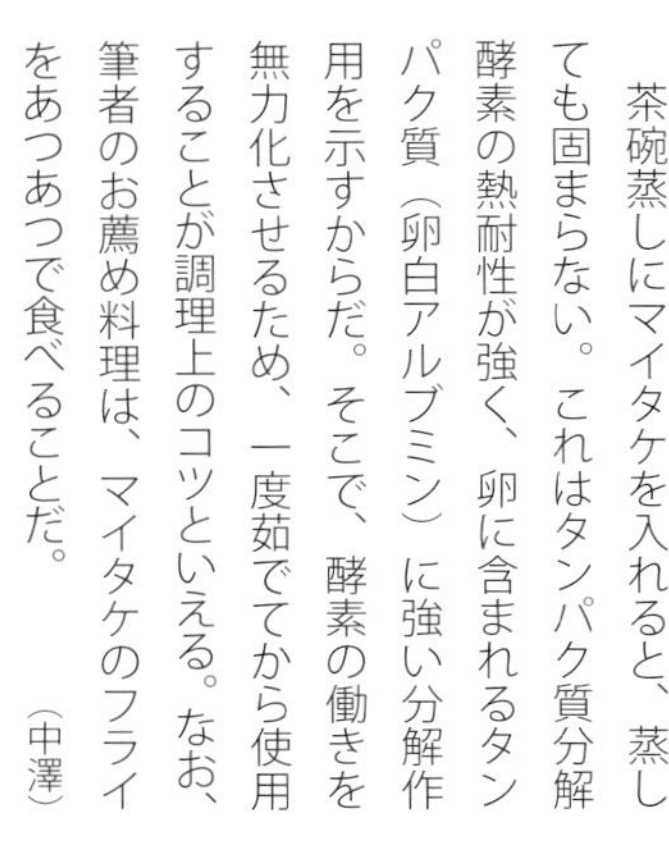

温泉地の朝市での天然マイタケ販売

39 ヤマブシタケ

［学名］*Hericium erinaceus*
担子菌門　ベニタケ目
サンゴハリタケ科

ウサギ形のきのこは新感覚の食感と風味

ヤマブシタケは白い球塊状のきのこで、ブナやナラ、カシ類などの立木にやや垂れ下がって発生する。大きさはテニス～ソフトボール大で、側面と下面からは長さ数cmの針が垂れ下がる。名前の由来は、修験者山伏が衣の上に着る篠懸（すずかけ）の胸につける丸い飾りに似ているからだ。また、うずくまったハリネズミのような形状なので、ハリセンボン、ウサギタケなどの可愛らしい方言名がある。

鹿児島県ではジョウコタケ（上戸茸の意味）と呼ばれる。今関六也（いまぜきろくや）は「酒に弱い人が乾燥させてスポンジ状にしたヤマブシタケをひそかに胸中に隠し、宴会などで呑むふりをしてこれに吸わせたことに由来する」と記している。内部には大小の穴が散在し、柔軟なスポンジ状の肉質なので、吸水性に優れているからだろう。

食感は従来のきのことは多少異なるが、歯切れ、口当たりがよく、和・洋・中いずれの料理にも合う。このきのこの味を「ロブスターのような甘み」と表現している外国の図鑑もあるほどだ。

きのこには様々な機能性成分が含まれる。ヤマブシタケには神経成長因子の合成を促すヘリセノンなどの物質が含まれ、アルツハイマー型認知症などの中枢神経系の疾病や末梢神経系の疾病の予防や治療への応用が期待されている。筆者の母は、晩年に「脳みそに 移しかえたい 顔のしわ」という川柳を詠んでいたが、日々の記憶の衰えが自覚されたことによる着想だったのだろう。今後、さらなる研究の進展により、きのこに含まれる生理活性物質が、人々の健康や疾病の克服に役立てられることを願っている。

（中澤）

広葉樹の立木に発生し、長さ数cmの純白の針が垂れ下がる

初めは純白だが、やがて黄色味を帯びてくる

袋栽培で発生した大型のヤマブシタケ

40 サクラシメジ

［学名］*Hygrophorus russula*
担子菌門　ハラタケ目
ヌメリガサ科

列を作って発生するサクラシメジ

傘はブドウ酒色を帯びた暗紅色

サクラ色というよりは？様々に呼ばれる食用野生きのこ

待ちに待った秋のきのこシーズン。東北で里山の雑木林に入ると、真っ先に目に付くのがこのきのこだろう。傘の色はサクラ色というよりはむしろ赤茶色をしているのだが、やや薄暗い林の中ではほんのり浮かび上がったきのこがサクラ色に見えなくもないか……。傘の色からアカキノコとかアズキモダシとかの地方名で呼んでいるところもあるようだ。

傘は大きさが通常8㎝位、初め中高の饅頭形でのちほぼ平らに開く。表面は湿っている時には強い粘性があり、中央部はブドウ酒色を帯びた暗紅色で周辺部は淡色であり、しばしば暗色のしみが見られる。肉は緻密で白～淡紅色をしており、暗赤色のしみを生じる。ひだは柄に直生～垂生し、やや密で白～淡紅色、のち傘と同色のしみを生じる。柄は太くしっかりしていて中実。表面は白色でのち傘と同色となり、繊維状である。

このきのこはミズナラなどの雑木林内に発生しており、初秋から秋中ごろまで収穫ができる。十数本から数十本が列を作って群生しているため、その生えている姿からヘイタイキノコの地方名もあり、二、三カ所見つけるとアッという間にかご一杯になる。採取のコツは一本見つけたら周りを見てもう一本見つけ、その延長線上を探すことであるが、一～二本しか採れないのは採り残しの場所を探しているからである。

一度に大量に採れるため、きのこ狩りの醍醐味を味わせてくれるが、苦みがあるため好んで食べられている訳でもない。せいぜい塩蔵したものを冬に塩抜きして利用するが、放射性物質を取り込みやすいので、利用する場合は注意が必要である。なお、きのこは茹でると淡黄色に変色し、サクラの面影はなくなる。

（工藤）

㊶ ニガクリタケ

［学名］*Hypholoma fasciculare*
担子菌門　ハラタケ目
モエギタケ科

たくさん生えても要注意‼

広葉樹や針葉樹の朽ち木から束になってたくさん生える黄色（硫黄色）のきのこで、山に入るとほぼ一年中見ることができるという珍しいきのこである。樹木の好き嫌いが少ないせいか、世界中に分布している。和名のニガクリタケは、苦いクリタケという意味であるが、種小名（しゅしょうめい）の *fasciculare* は、ラテン語のファスケス（fasces）からつけられたもの。ファスケスは斧を中心として、周辺を木の棒でぐるりと囲み束ねたもので、古代ローマで高官の権威の象徴であった。ちなみに、ファシズムもこの言葉由来である。ファスケスの意匠は、米国でリンカーンの座像が手を置いている台、下院の議事堂の壁飾り他、各国の国旗にも見ることができる。格好いい名前を付けてもらったものである。

中毒症状は食後数十分から三時間程度で悪寒、腹痛、嘔吐、下痢などが起こり、重篤な場合はさらに脱水、アシドーシス（血液の酸性度が高くなりすぎた状態）、痙攣、ショックを経て死に至ることもある。

このきのこの苦味成分の一つであるファシキュロール類は毒であるが、他にも溶血性タンパクやムスカリン（ベニテングタケやアセタケ属のきのこの毒成分）が含まれている。ただ、死亡するほどの毒性を示す物質については未だ明らかではない。一説にはニガクリタケ中毒とされているものの症状が、コレラタケ中毒〔No.35〕の症状と似ていることから、きのこが混じっている、あるいはきのこの同定を間違えている可能性が指摘されている。

よく似たきのこにニガクリタケモドキがあるが、本種のように束生しない上、苦みがない。同じ朽ち木に二種が発生することもあり、見分けが難しい。一年中見られる理由は、複数種が混同されているのではないかといわれているが、はっきりしていない。（橋本）

古代ローマのファスケス

ニガクリタケ

ニガクリタケモドキ
（撮影：野村千枝）

㊷ クリタケ

［学名］*Hypholoma lateritium*
担子菌門　ハラタケ目
モエギタケ科

ナラタケと並ぶ庶民的な食用きのこ

晩秋にもなると次第にきのこの種類は減少していくが、徐々に冷え込む秋の後半からがクリタケのシーズンだ。

「栗茸」と書き、クリの木の周りに多いことからきているようであるが、クリの木に限らず各種ナラ類からもよく発生するので、里山の雑木林から比較的標高の高いブナ・ミズナラ林帯でもよく見かけるきのこだ。切り株や倒木等から多数が束になって発生するので、大きな株に当たれば大収穫が期待できる。

傘は明るいレンガ色などで、傘の表面には特に若い時に白い繊維状の鱗片を生じるのが特徴である。ひだはやや密生し、胞子が成熟すると暗紫褐色となる。柄はやや繊維質だ。よく似たきのこに猛毒のニガクリタケ〔No.41〕があるが、傘の色が硫黄のような色で、ひだは暗オリーブ緑色であることと、強い苦味がある点で区別できる。「味」の違いもきのこを見分ける方法の一つである。一つまみ取ってかじってみよう。ただし飲み込んではいけない。判別が不安な場合は食べる前に専門家の判断を仰ぐことが大切だ。

クリタケはよい出汁が出るので、炊き込みご飯や煮しめをはじめ、吸い物などにも合う。晩秋のきのこの一つとして是非とも覚えておきたい。

（牛島）

切り株から発生したクリタケ。若い時は白い鱗片が目立つ

成熟するとひび割れることが多い

すっかり葉も落ちた晩秋のブナ林でたくさんの幼菌をみつけた

43 タケリタケ
[ヒポミケス・ヒアリヌス]

［学名］*Hypomyces hyalinus*
子嚢菌門　ボタンタケ目
ボタンタケ科

異様な物体の正体はカビが寄生したきのこの姿

ハラタケやイグチなどのきのこに、ヒポミケス・ヒアリヌスを代表とするヒポミケス属の菌が寄生して傘が開かなくなって変形したものを、通称「タケリタケ」と呼んでいる。本属菌の子嚢胞子(しのうほうし)を培養すると多様な形態のカビを形成する。この特徴に注目したのが19世紀に活躍したフランス人菌類学者のエドモン・テュラーヌで、菌類のきのこ世代とカビ世代の関係を最初に著した『セレクタ・フンゴルム・カポロギア』という有名な著書がある。この文献は詳細な観察記録と神業ともいえる美しい顕微鏡スケッチで知られているが、入手困難な貴重書で、蔵書がある一部の研究施設に出かけて観覧しなければならなかった。私が初学者だった頃、用事で出かけた研究所で、この文献を偶然観覧したことがあった。年末の小雪がちらつく寒い季節に、厳かな雰囲気の中で開いたヒポミケス属の描画を目にしたときは、名画鑑賞と引き換えに昇天した『フランダースの犬』を彷彿とさせる気分に浸ってしまった。しかしながら現在は通信手段が発達したおかげで、もはや昇天することもなくインターネットを通じて容易に観覧できるようになっている。

その異様な姿から日本では古くから知られていた「タケリタケ」だが、寄生菌の種レベルの同定には多くの労力と時間がかかり、明らかになったのは最近になってのことである。カビの分類で有名な椿啓介(つばきけいすけ)博士が、日本に分布するヒポミケス属菌を調べるため、この研究の大家であるニューヨーク植物園のロジャーソン博士を訪ねて調査したのだがヒポミケス・ヒアリヌスに一致する標本がどうしても見つからず、なかば諦めかけていたときにようやく同定できたという逸話が残っている。（常盤）

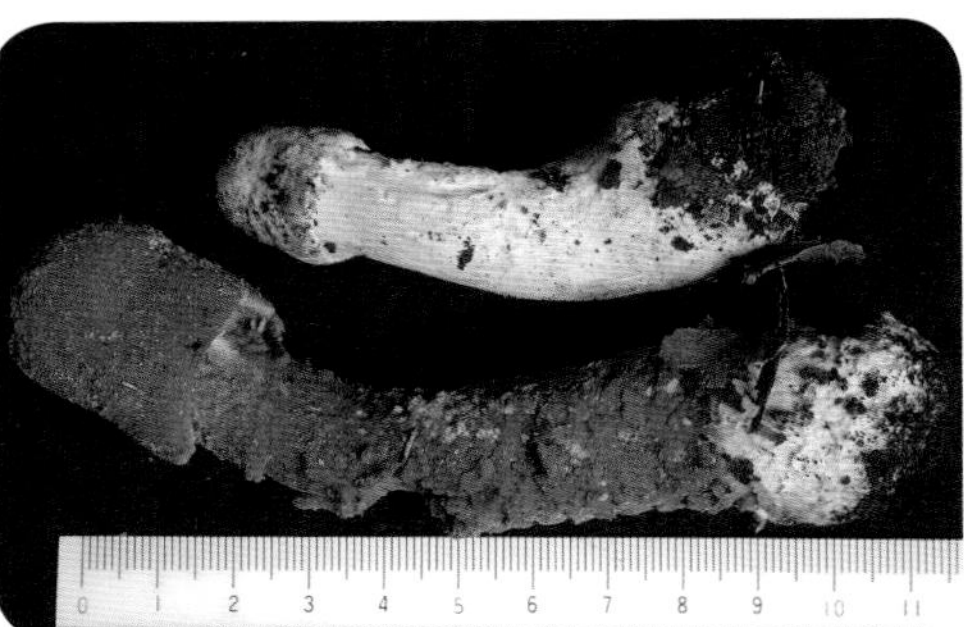

ヒポミケス・ヒアリヌスに冒されたきのこ。主にテングタケの仲間から発生する。幼菌から発生し、初期（上）はやや白色の菌糸に覆われ、傘が開かない状態で発達し、子嚢殻の成熟とともに褐色から茶褐色となる（下）

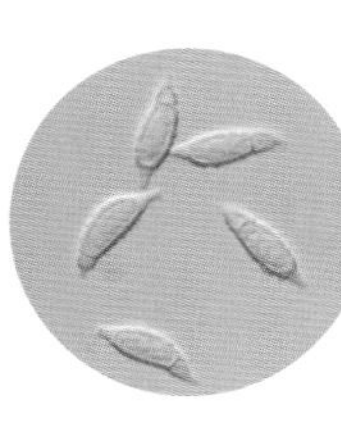

右：ヒポミケス・ヒアリヌスの子嚢胞子。ヒポミケス属菌は紡錘形で両端に突部構造を持つことを特徴とする。ヒポミケス・ヒアリヌスは基部付近に隔壁を持つことが種レベルの同定ポイントとなっている

左：成熟した「タケリタケ」。「タケリタケ」は特定のきのこを示すものではない

㊹ ブナシメジ

［学名］*Hypsizygus tessulatus*
担子菌門　ハラタケ目
シメジ科

最近日本で栽培法が確立した スーパーでもお馴染みのきのこ

このきのこは一時シロタモギタケとして扱われ、「〇〇ホンシメジ」という商品名で販売されていた。しかし、この仲間にはシロタモギタケとブナシメジの二種類があり、栽培化されたきのこはシロタモギタケではなく、傘にある濃色斑状の大理石模様からブナシメジであることが判明した。なお、ホンシメジという商品名についても、菌根性（きんこんせい）きのこのホンシメジとは異なる別種なので、和名のブナシメジに改めるよう行政指導がなされた経緯がある。

栽培法は京都の酒造メーカーにより開発され、昭和47年より長野県下で栽培されるようになった。当初はナメコの箱栽培に準じた方法であったが、生産方式はやがてビン栽培へと変わり、さらに栽培法の改善や新しい品種の開発が進められた。歯ごたえがよく、癖のない風味や味、調理で形が崩れにくい肉質が消費者に広く受け入れられ、昭和60年頃から急激に生産量が増えた。現在は、エノキタケ〔No.31〕に次いで生産量の多いきのこだ。

ブナシメジはヒラタケ〔No.72〕と競合する商品的特徴を有していた。しかし、日保ちのよさなど食材としての評価はブナシメジの方が高く、ヒラタケの生産量は徐々に減少することになった。通常は一株の状態で包装されて販売されるが、最近は料理の利便性などを考慮し、柄をばらばらにほぐしたものも商品化されている。

このきのこは秋に、ブナをはじめトチノキ、カエデ等の広葉樹の朽木、倒木に発生する。時々、紅葉の盛り頃にも見かけることがあるが、大きく生育したきのこの傘は淡いクリーム色で斑状の大理石模様が見られないことも多い。

（中澤）

傘にはやや濃色で斑状の大理石模様がある

生育にともない大理石模様は見られなくなることもある

ビン栽培での発生初期

収穫前の状態

㊺ カワウソタケ

［学名］*Inonotus mikadoi*
担子菌門　タバコウロコタケ目
タバコウロコタケ科

天皇に献名された サクラのスペシャリスト

日本人に最もなじみの深い花木といえば、やはりサクラだろう。満開の花盛りのみならず、つぼみや散りゆく花びらさえもサクラは愛されてきた。しかし、サクラが好きなのは日本人だけではない。実はサルノコシカケの仲間にもサクラ好きが多いのだ。

サクラは街路樹や公園樹などとして各地に広く植栽されている。近くにサクラ並木があれば、夏から秋にかけて幹や枝を観察して欲しい。幹の地際にはコフキサルノコシカケやベッコウタケが、また幹の上部や枝にはカワラタケ（No.93）やシイサルノコシカケなどが見つかるかもしれない。

カワウソタケもサクラに生えるサルノコシカケ類の代表格の一種だ。その子実体（しじつたい）は小さく、梅雨時から夏季にかけてサクラの幹の上部や枝の上に、折り重なるようにして形成される。新鮮な子実体の上面には茶色い短毛を密生しており、その様をカワウソにたとえたのであろう。蛇足ながら、もっと長い毛を密生する類似種にラッコタケがある。こちらは高地や北方に分布しており、やや珍しい種類である。

カワウソタケは極めて普通に見られるきのこだが好き嫌いが激しいようで、発生する樹種はサクラやその近縁のウメなどに限られる。同じように発生がサクラの仲間に限られるサルノコシカケとして、サクラサルノコシカケやチャサクラアナタケなどが知られている。

カワウソタケの学名はイノノトゥス・ミカドイというが、その種小名（しゅしょうめい）にあたる「ミカドイ」は日本産の標本に基づいて、アメリカのアマチュア研究者ロイドによって一九一二（大正元）年に命名されたものである。「ミカドイ」とは「ミカド（帝）の」という意味で、天皇に献名されたものだ。

（服部）

サクラの幹に群れて生えるカワウソタケ

表面に茶色の短毛が密生している

㊻ ツクツクボウシタケ

短い茎が密集したツクツクボウシタケ

［学名］*Isaria cicadae*
子嚢菌門　ニクザキン目
ノムシタケ科

漢方薬として使われる蟬花

セミの幼虫から出てくるこのきのこは、関東ではお盆過ぎに公園などに比較的普通に見られる。クモタケ〔No.77〕とともに、人里の冬虫夏草（とうちゅうかそう）類の一種である。地上3㎝程まで伸長して枝分かれし、白い粉状に胞子を作る。乾燥した年には茎を伸ばさず、粉をまいたように地表で胞子を作るようだ。また、一本の木の根元に集中して発生することもある。この菌は、コナサナギタケやハナサナギタケと雰囲気が似ているが、これら二種はガの仲間の蛹から生えている点が異なっている。

ツクツクボウシタケという名前は、クモタケを命名した安田篤（やすだあつし）博士が提唱したものだ。博士は、主としてツクツクボウシの幼虫から発生することからこの和名としたが、ほかにミンミンゼミの幼虫から発生することも確認している。この菌の採集は容易である。幼虫が地面のすぐ下にしっかりと菌糸でつながっているからである。親になるため地表に上って来た時を狙ってきのこを作ったのではないかと思わせる。もしそうなら、どのようにタイミングを知るのだろうか。一度だけ、地上に出た幼虫から発生したものを見たことがある。あと少しで親になれたところなのに、しばらく地上を歩いたところで力尽きたらしい。さぞかし無念だったろう。

さて、本菌は中国では蟬花と呼ばれ（冬虫夏草とは呼ばれない）、本家の冬虫夏草とともに、漢方薬として有名である。中国語の「冬虫夏草」という単語はチベットの四千m級の山に生息するガの幼虫から生える特別な一種のみ（学名 *Ophiocordyceps sinensis*）を指しており、これが本家である。中国では本家の冬虫夏草や蟬花に関する産業利用についての研究が非常に盛んであり、培養して製剤化したものや掘り出して乾燥させたものが販売されている。

（佐藤）

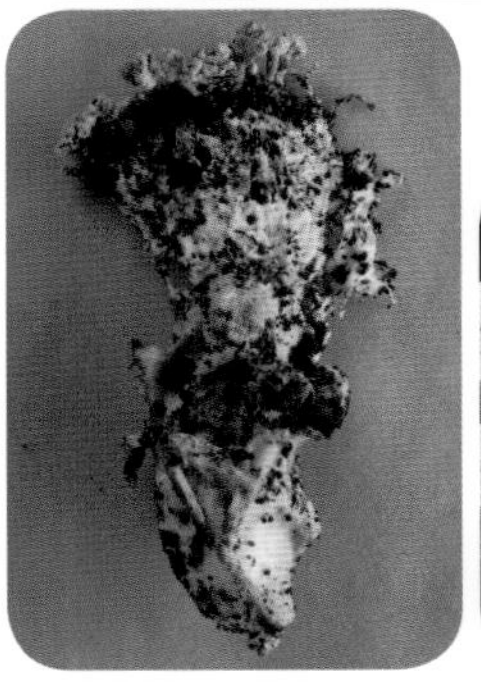

掘り出したツクツクボウシタケ

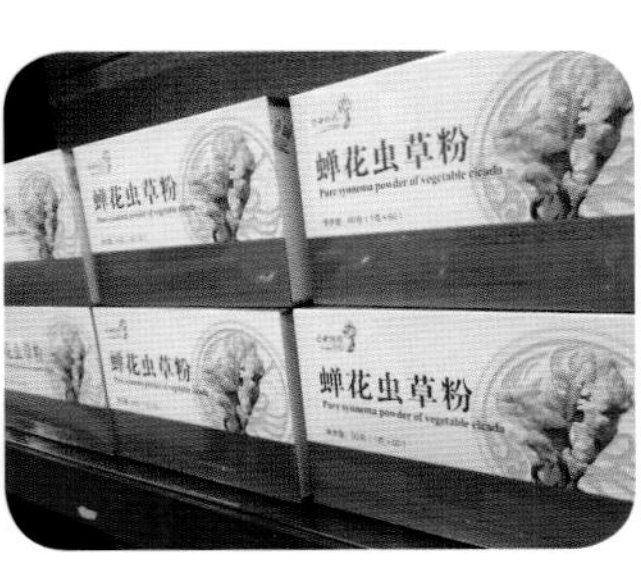

中国で売られていたツクツクボウシタケの粉末

47 アカモミタケ

［学名］*Lactarius laeticolor*
担子菌門　ベニタケ目
ベニタケ科

野生食用きのことしてハツタケとともに人気

秋のきのこ狩り後半となる10月中頃から、モミの林では落ち葉を押し上げてアカモミタケが顔を出す。

アカモミタケは、モミやウラジロモミなどモミ属樹木と外生菌根（がいせいきんこん）を作るため、毎年同じ場所に生えるので採集しやすく、またこれらの樹木が見られる場所でないと発生しない。しかし神社などの数本しかモミがない林でも、点々とまたは時に群生し、一カ所で30～50個見られることがある。

モミは、本州から九州に分布するが、分布に偏りがあるため、同じ北陸地方でも富山県や福井県には少なく、石川県は能登地域も加賀地域にも多く見られる。このためアカモミタケは石川県ではきのこ狩りの対象になるが、他の二県ではその存在すら顧みられない。

傘の径は5～15㎝、表面の色は淡橙黄色でやや粘性があり、同心円状の環紋が見られる。傘の形は、幼い時は中心がややくぼんだ饅頭形で、縁は長く内巻きであるが古くなると反り返り、全体が漏斗形になる。柄の表面にはえくぼ状のくぼみが見られる場合があり、肉質はやや脆く砕けやすい。傷つけると傷口から赤朱色の乳液が出て、傷口は時間が経っても変色しない。乳液は爽やかな香りがして、辛味や苦味がない。

ベニタケ科のきのこの特徴として球形細胞を含むため、食べた時に口当たりがぼそぼそするが非常によい出汁が出るため、きのこ狩りの対象になり各地で採集、利用される。

モミの下には、同時期に傘が薄黄色のキハツダケも発生するが、キハツダケは乳液が白色で、時間とともに青緑色に変色するため区別するのは容易である。アカモミタケと同じように食用とされるが、こちらはやや味が劣る。

（橋屋）

漏斗型になったアカモミタケ。傷口は赤朱色のまま変色しない

饅頭型のアカモミタケ。柄の表面にくぼみが見られる
（2点とも、写真提供：キノコ入門講座事務局）

㊽ハツタケ

傷口が青緑色に変色したハツタケ（写真提供：キノコ入門講座事務局）

［学名］*Lactarius lividatus*
担子菌門　ベニタケ目
ベニタケ科

マツとともに日本中に分布する野生の優良食用きのこ

初茸や　まだ日数へぬ　秋の露　芭蕉

ハツタケは古来より食用にされたきのこで、また秋の季語としても知られることから、松尾芭蕉や小林一茶などの俳句にも多数読まれている。和名は「初茸」の意で、初秋に多く発生するところからの命名であると思われる。

9～10月頃にアカマツやクロマツなど二針葉性のマツ科樹林に発生し、これらの生きた細根に外生菌根（がいせいきんこん）を形成して生活している。また林齢の若い林に多く見られ、腐植物の多く堆積する老齢林ではハツタケの発生が少なくなる。

傘の径は4～10㎝、表面は湿った時には弱い粘性があるものの乾きやすく、淡い赤褐色ないし淡黄褐色で、やや明瞭な同心円状の環紋が見られる。傘の形は、幼い時は中央の部分がくぼんだ饅頭形で、成長すると平らに開き、最終的にはやや反り返った形となる。傘や柄の肉は堅く締まっているが脆く肉質で砕けやすい。

傷つけると傷口から暗赤色の乳液が滲み出るが、この乳液は辛味や苦味を感じない。時間をおくと傷部分はゆっくり青緑色に変色するため、古い子実体（しじつたい）（きのこ）では全体に不規則な青緑色のしみが見られる。この変色が銅の錆を想像させるためハツタケを「ろくしょう」と呼ぶ地域がある。変色しても味や香りなど影響はないが、見栄えが悪くなるため持ち帰りには気を使う人が多い。この青い変色のためか、きのこ狩りの初心者には敬遠される傾向がある。

他のチチタケ属のきのこと同じように食感は悪いがよい味が出るため、きのこ飯や汁物、子芋などとの煮物に利用され、きのこご飯では下味をつけたハツタケを炊き上がったご飯に混ぜることが多い。またひだに塩を振りかけてホイル焼きにしたものに熱い燗酒を注ぐと酒の味がぐっと上がる。酒を飲み終わった後のハツタケに醤油を少量たらす垂らすとまた酒の進む一品になる。

似た種類には同じくアカマツやクロマツの下に発生するアカハツが知られるが、アカハツの傘は全体に橙色が強く、ハツタケは傷つけると出る乳液が暗赤色であるのに対しアカハツの乳液は橙色であることや変色も緑色を帯びる程度であるため、両者の区別は容易である。

（橋屋）

㊾ チチタケ

［学名］*Lactarius volemus*
担子菌門　ベニタケ目
ベニタケ科

栃木県で特に好まれるきのこ

夏から秋にかけて、ミズナラやコナラなどブナ科の林床では、落ち葉の間から赤褐色の傘をしたチチタケが多く見つかる。

チチタケの仲間には傘表面に粘性を持つ種も多くあるが、本種やヒロハチチタケらの傘表面は細かな粉に覆われたようで、ルーペによる観察では光にかざすと表面がきらきらと光って見える。この特徴は幼菌の時にはっきり観察できる。これは傘表面に厚膜な傘シスチジアが多数直立しているためで、傘表面が擦れたり子実体（しじつたい）（きのこ）が古くなるとこの傘シスチジアは抜け落ちて平滑になる。

チチタケの子実体を傷つけると白色の乳液が多量に出てくるが、この乳液には天然ゴム成分であるポリイソプレンが含まれており、過去には天然ゴムの原料としての研究が行われたが実用には至っていない。また近年でもこの仲間から得られた物質の構造式が研究されている。出てきた時は白い乳液も乾くと薄い茶色に変色するため、ひだには茶色のしみが見られることがある。また乳液の味は、辛味はないがやや渋味を感じる。

全国的に発生して食用きのことして広く知られるが、食感がぼそぼそするためあまり好まれない。しかし関東北部の地域で愛され、料理法により独特の出汁が出るため、特に栃木県ではチチタケを甘辛くナスと炒め、「ちだけそば」や「ちだけうどん」として親しまれている。

バラ科植物のチダケサシの名前は、チチタケを持ち帰る際に、植物の枝にきのこを指して持ち帰ったことにちなむという。（橋屋）

チチタケは傷つけると白い乳液を分泌する

傘の表面が微粉に覆われたチチタケの幼菌
（2点とも、写真提供：キノコ入門講座事務局）

㊿ シイタケ

［学名］*Lentinula edodes*
担子菌門　ハラタケ目
ツキヨタケ科

野生のシイタケ。春と秋にミズナラ、シイ、カシなどの倒木や切り株に発生（撮影：中東賢譲）

左：ハウス内での原木栽培、右：ハウス内での菌床栽培

日本発の世界的な食用きのこ

シイタケは食用としての歴史に加え、低カロリーで風味が豊か、しかも様々な機能性成分が含まれることから、わが国を代表する伝統的な食用きのこといえる。栽培は、江戸時代の初期に鉈目式（原木に傷をつけて胞子が自然に付着するのを待つ）により始められ、色々な変遷を経て今日に至っている。

安定した生産方式は、森喜作博士（一九〇八〜七七）が昭和18年に発明した種駒（木片にシイタケ菌を純粋培養した種菌）によって確立され、以降、シイタケの生産量は確実に増加した。

野生のシイタケは、春と秋の二季、シイ、カシ、ミズナラなどの広葉樹の倒木や切り株などに発生する。分布は、日本列島から東南アジアを経てニュージーランドに至る環太平洋地域に広がり、原産地は南太平洋の熱帯地方といわれる。

現在、乾シイタケはクヌギやコナラ等による原木栽培での生産が中心だ。一方、生シイタケは、広葉樹のおが粉にフスマや米糠などの栄養源を加えた菌床による生産が約90%を占めている。乾シイタケには、冬菇、香信、香菇などの銘柄があるが、これは品種の違いではなく、生育時の環境条件と収穫時期によるもの。冬菇は肉が厚く、歯ごたえがよいので煮物など、香信は傘が薄いため、五目ずしや炊き込みご飯などに向く。なお、乾シイタケは冷水で戻すこと、料理には戻し汁も一緒に使用することを覚えておきたい。

シイタケの味の成分はグアニル酸がよく知られ、昆布のグルタミン酸、鰹節のイノシン酸とともに三大旨味成分といわれる。香りの成分はレンチニン酸が乾燥時の熱で変化したレンチオニンだ。なお、エリタデニンはシイタケに含まれる固有の機能性成分で、コレステロールを低下させる働きが知られている。

（中澤）

51 ホコリタケ

［学名］*Lycoperdon perlatum*
担子菌門　ハラタケ目
ハラタケ科

つぶせばほこりのように胞子が飛び散る

皆さんは、団子や饅頭のような形で、指で押しつぶしたり、たたいたりすると煙のように胞子を噴き出すきのこを見たことがあるだろうか。このような特徴を持つきのこの多くはホコリタケの仲間で、各種の林内、草地、公園の芝生や路傍など、様々な場所に生える。筆者も子供の頃、路傍に生えていたホコリタケの仲間をつぶして、胞子が噴き出る様子を見て面白がっていた記憶がある。

ホコリタケの成菌。未熟なうちは表面が褐色の突起やクリーム色の粉状物に覆われる

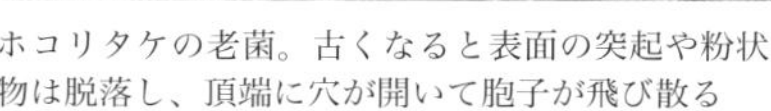

ホコリタケの老菌。古くなると表面の突起や粉状物は脱落し、頂端に穴が開いて胞子が飛び散る

　このような特徴から、ホコリタケの仲間は野外でも認識しやすいグループである。しかし、この仲間には多数の種が存在し、日本でも30種以上が知られているため、これらを外見だけで見分けることは難しい。正確に種を同定するためには、胞子や菌糸の形態などの顕微鏡観察が必須である。

　このきのこの仲間で日本に分布する代表的な種は、その名もずばり、ホコリタケである。ホコリタケは日本全土に分布し、別名をキツネノチャブクロ（狐の茶袋）とも呼ぶ。茶袋とは、茶を煎じるため、あるいは茶葉を入れるために用いる袋のことだが、きのこの内部に粉状の胞子が充満する様子を茶袋に見立てたのだろう。

　ホコリタケは、卵形あるいは洋梨を逆さにしたような形で、未熟なうちは全体がクリーム色で、表面は褐色の円錐状の突起やクリーム色の粉状物に覆われる。内部は白色で、マシュマロやはんぺんのような質感だが、胞子が成熟するにつれて黄土色の粘土質となり、ついには茶褐色で粉状の胞子の塊となる。内部が粉状の胞子で充満する頃には、表面の突起や粉状物は脱落し、全体が灰褐色となり、頂端に胞子を飛散させるための穴を開ける。こうなると食用には適さないが、意外にも未熟なうちは美味なきのこで、バター炒めにするとふわふわとした食感が楽しい。（糟谷）

52 ハタケシメジ

道端に発生したハタケシメジ

ハタケシメジの菌床栽培

［学名］*Lyophyllum decastes*
担子菌門　ハラタケ目
シメジ科

人里に生える万能シメジ

ハタケシメジはれっきとしたシメジ科のキノコであるにもかかわらず、かなり身近な存在である。「畑湿地」と書くとおり、畑の周りの他に、軒下や林道の路肩、道路の法面（のりめん）、公園などによく発生する。だから森の中を必死に探してもほとんど見つからないのである。そのため、「こんな所に美味しいシメジの仲間が生えるとは思ってもみなかった」という感想を聞くことがある。

傘は薄茶色から濃い灰褐色などで、傘が開くと大きいものは10㎝前後になる。ひだは白色でやや密生するのが特徴だ。色や形が似ている毒きのこのクサウラベニタケ（No.27）は主に林内に発生し、成熟するとひだがピンク色になることが大きな違いだが、過去に本菌をクサウラベニタケと間違えた例があるので、くれぐれも注意していただきたい。

シメジ科のきのこは菌根性（きんこんせい）（植物の根に付着し菌根を形成して共生する）が多いが、このハタケシメジは腐生菌（ふせいきん）（動植物の遺体の有機物を分解して養分を得る）であるから人工栽培が可能である。最近ではスーパーなどで菌床栽培されたものを見かけることがある。

ハタケシメジは癖がなく歯ごたえがあり、煮込んでも炒めても美味しい万能なきのこだ。甘辛く炒めて蕎麦やうどんの具にしたり、すき焼きに入れてもよい。発生は秋（ときに春）から晩秋まで期待できる。筆者がよく探すのは、最近整備されたような林道の路肩だ。道端採集を実践してみよう。数年は同じような場所に発生するので、一度見つけたら場所を覚えておくとよいだろう。

（牛島）

(53) シャカシメジ

［学名］*Lyophyllum fumosum*
担子菌門　ハラタケ目
シメジ科

お釈迦様もびっくり？ ぞろぞろまとまって発生

株立ちするきのこの姿を見つけると、食毒問わず思わず嬉しくなる。シャカシメジの名は、「釈迦湿地」と書くとおり、株立ちする姿がお釈迦様の頭の螺髪に似ていることに由来する。ホンシメジ〔No.54〕やハタケシメジ〔No.52〕と同じシメジ属の仲間であり、里山を代表する優れた食用きのこだ。様々な地方名があるが、「センボンシメジ」という別名でも呼ばれる。

各々の傘の大きさは小ぶりで5㎝前後、色は全体的に灰色であり、成長するとほとんど平らに開く。ひだはやや密生し、柄に対して垂生する。根本には塊茎状の菌糸の塊があり、そこから多数のきのこが束になって生えてくる。一株の重さはおよそ1kgほどにもなる場合がある。

発生時期は9月から10月頃。アカマツの混在するような雑木林を探してみるとよいだろう。

傘や柄の他に、塊茎状の株の部分も食べることができる。生の肉質はやや脆いのだが、火を通すと弾力が増し、風味に癖がないので各種料理に活躍するに違いない。頻繁に目にするきのこではないが、しばらく同じ場所に発生することがあるから、場所を覚えておくと翌年も出合えるかもしれない。（牛島）

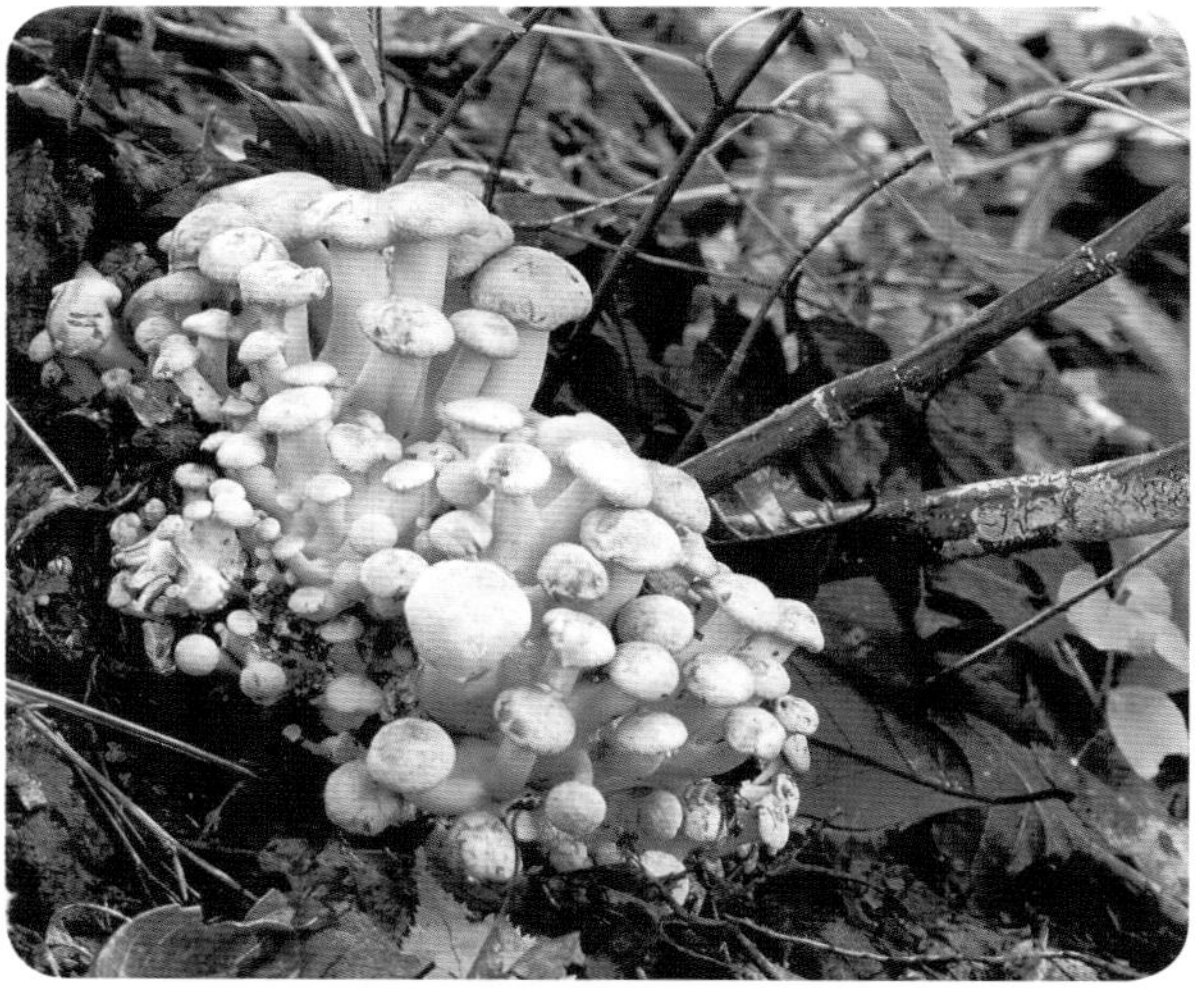

バタマツタケの実績のある雑木林に発生した

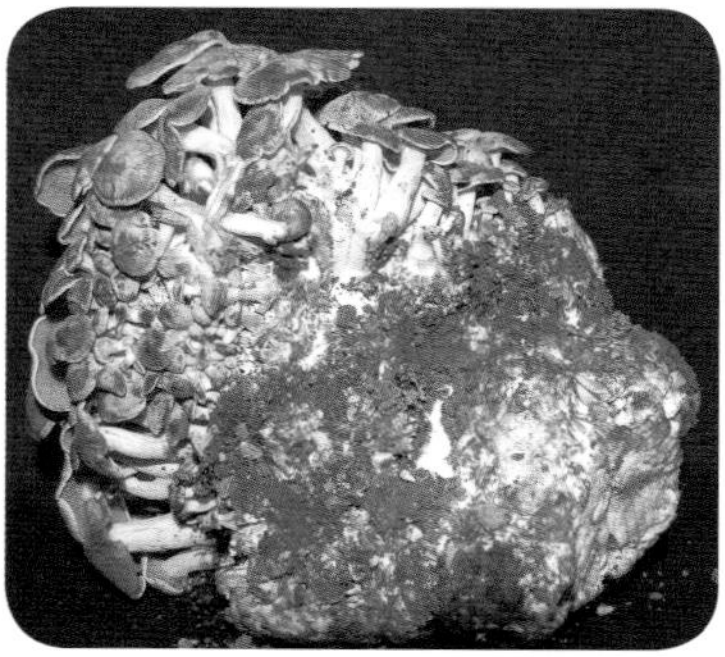

株元は塊茎状の菌糸の塊となり、食べられる

54 ホンシメジ

［学名］*Lyophyllum shimeji*
担子菌門　ハラタケ目
シメジ科

野生のホンシメジはコナラ林、またはアカマツ・コナラ混生林に発生する

人工栽培化によってホンシメジの味が一年中楽しめるようになった

真のシメジ、ついに人工栽培に成功

ホンシメジは「香りマツタケ味シメジ」のシメジのことであり、香りのよいマツタケと同格に扱われるほどの味のよさが特徴だ。近年、新たに人工栽培される食用きのこの種類が増え、形や色、食感等の異なる多様なきのこがマーケットに並ぶ。ホンシメジもその一つであり、滋賀県森林センターによって栽培化の基礎が築かれ、今や人工栽培によるこのきのこの味や食感が年間を通じて楽しめるようになった。

ホンシメジは10月中旬頃、コナラ林、コナラ・アカマツの混生林に発生する。樹木に外生菌根を作って生活しており、味と歯切れのよさからきのこ狩りの対象としてはトップクラスの存在だ。傘は灰色で周辺部の巻き込みが強く、柄は白色で下部は徳利状にふくらみ、充実している。

外生菌根は樹木の根にきのこの菌糸が入り込んで形成され、根の表面を覆う菌糸組織と根の細胞間隙に発達する菌糸体からなる。前者は樹木の耐寒性を増し、他の微生物や線虫から樹木を守る役割を果たし、後者はきのこと樹木との間の物質交換の場となるきわめて重要な場所だ。なお、交配試験や分子レベルでの解析により、ホンシメジの仲間は菌根性と腐生性の二タイプが混在する複合種の可能性が示唆されている。

筆者は、きのこ分野の仕事について間もない頃、晩秋の会津地方で軒先に糸で吊るされた乾燥ホンシメジとの出合いがあった。その時の写真は、すでにセピア色に変色しているが、ホンシメジの冬の保存食としての存在を知った鮮明な想い出だ。ホンシメジは正式名であるが、単にシメジまたはダイコクシメジの方言名で呼ばれることも多い。

（中澤）

55 ニオウシメジ

［学名］*Macrocybe gigantea*
担子菌門　ハラタケ目
キシメジ科

100kgを超える大きな株となることもある（撮影：吹春俊光）

たくさんの子実体の柄が根元で癒着する（撮影：石谷英次）

巨大なきのこが仁王立ち！

草原や畑、空き地に突如として巨大なきのこが出現！その発生は新聞をにぎわせる。しかし、それは、けっして誇大な表現ではなく、傘は直径30㎝、柄は長さ50㎝に達する巨大さである。さらに、子実体は束状に柄の基部が癒着して多数が固まって生え、大きな株になり、株全体では直径1m、重さ100㎏を超すことも珍しくない。きのこ全体は白から象牙色であり、白象を思わせる。その巨大さに恐れをなすのか、食べようとする人は多くはないようだ。しかし、優秀な食用菌で、歯切れ、舌ざわりがよく、いろいろな料理に合う。ただし、ニオウシメジからは微量のシアンが検出され、加熱・水煮後も残存するため、大量に食べた場合には、中毒症状を起こす可能性もある。バーク堆肥や広葉樹のおが粉などで栽培することができるが、まだ生産量は多くない。

ニオウシメジは、土壌中の木材などの植物遺体などを分解する腐生菌であり、沖縄や奄美では、しばしばサトウキビ畑に発生する。巨大で、とても目立つため、昔から知られていてもよさそうだが、日本では古い発生記録がない。一九七四年に熊本県松橋町で初めて見つかり、一九八一年に日本新産種として報告された。熱帯性の菌であるニオウシメジが日本に分布域を広げたのは、地球温暖化の影響かもしれない。現在、北関東（群馬県、茨城県）以南で知られている。ニオウシメジ属は7種が知られ、アジア、アフリカ、北米、中南米の熱帯に広く分布する。日本産のニオウシメジには、顕微鏡的特徴の違いから、複数の種に分けられる可能性がある。

（根田）

56 アミガサタケ

［学名］*Morchella esculenta*
子嚢菌門　チャワンタケ目
アミガサタケ科

アミガサタケ

春の訪れを告げる子嚢菌（しのうきん）

いわゆるきのこは、菌類の中でも肉眼で観察可能な大型の子実体（しじつたい）を形成するものを指す。その大部分は担子菌類（たんしきんるい）といって、胞子を担子器と呼ばれる構造の上に形成するものである。これに対して、子嚢と呼ばれる袋状の構造の中に胞子を生じるものがある。これらが子嚢菌類で、きのこを作る菌類の中ではマイノリティしか占めないし、大きさも肉眼でギリギリ観察できるか、ルーペがなくては観察できないようなものが多い。そんな中で、容易に肉眼で認識できるきのこが、「チャワンタケ類」と俗に呼ばれるものである。実はこれらの菌類のきのことしての認識は極めて古く、古代ローマの博物学者プリニウスの本にも出てくるという。さて、チャワンタケはその名前から想像されるように、茶碗形の子実体を形成する。これが柄の上に複数集合した形を想像しよう。これがアミガサタケである。

本種は、複数種あるアミガサタケ属の代表で北海道から本州に広く分布する。アミガサタケは、学名の*esculenta*（食べられる）が示すように、ヨーロッパでは、美味しいきのことして、食用に栽培もされている。実際、採集されたものを一回干してから料理すると、シコシコとして歯ごたえがあり、美味である。ただ、類似のきのこには毒きのこ（シャグマアミガサタケ）もあるので、ご用心。

日本には10種のアミガサタケ属が分布し、いずれも春の到来を告げるきのこである。日本でも各地に分布するため、その発生時期を調べてみると、桜前線の北上のように、出現が北上していくことが知られている（福島・白水、日本菌学会ニュースレター二〇一三年7月号8〜11頁）。（細矢）

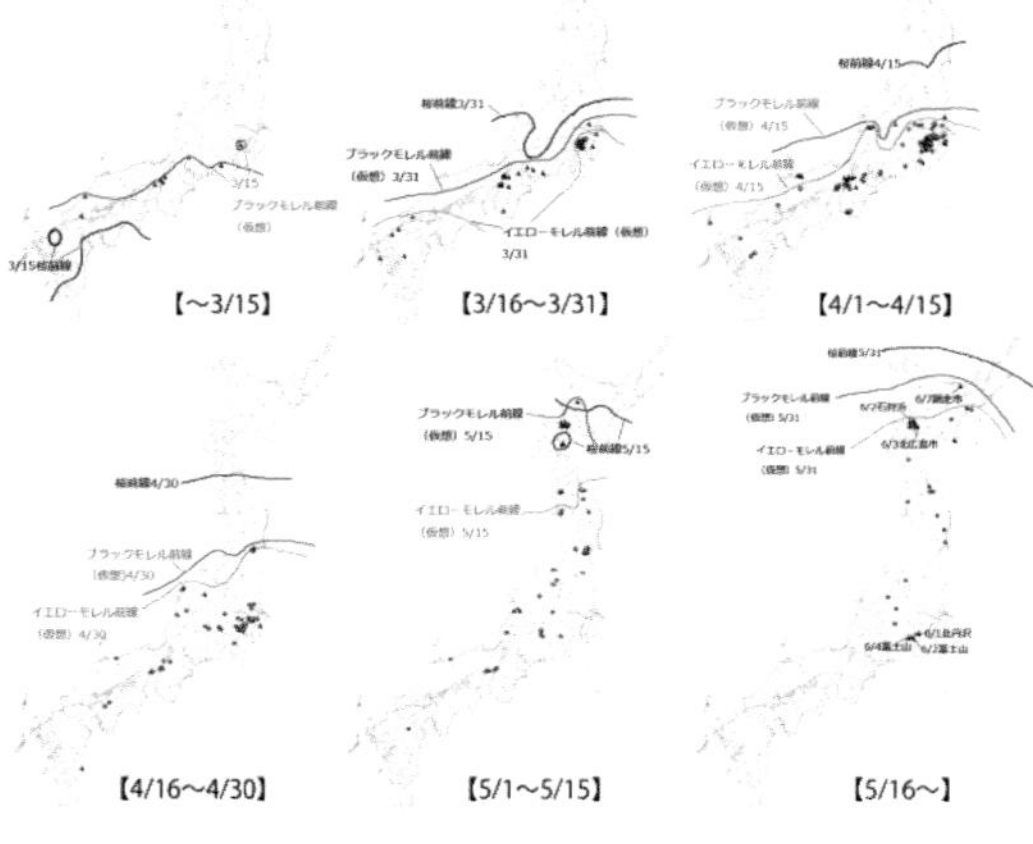

ツイッターで収集したデータによる、アミガサタケ類（アミガサタケを含む複数の種）の分布

Morchella esculenta をはじめとしたアミガサタケ類（イエローモレル＝●で表示）、*Morchella conica* をはじめとしたトガリアミガサタケ類（ブラックモレル＝▲で表示）に分けて表示

57 ヤコウタケ

［学名］*Mycena chlorophos*
担子菌門　ハラタケ目
クヌギタケ科

通常の光の下で撮影した個体。白くてかさ表面にやや滑り気があるが、特に大きな特徴のないきのこに見える

同じ個体を暗やみで撮影。発光性きのこは全て、肉眼では緑色の光に見える

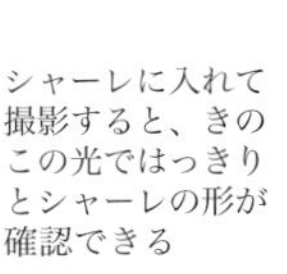

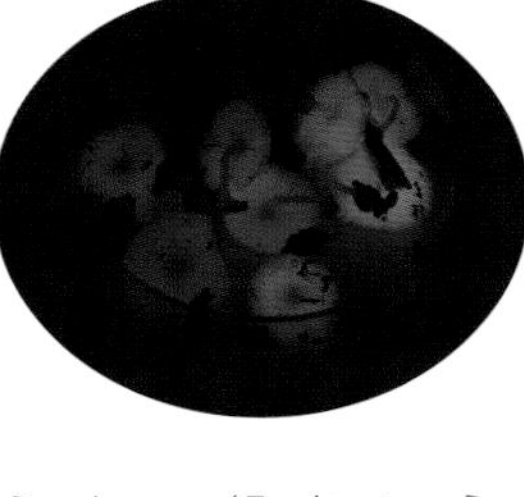

シャーレに入れて撮影すると、きのこの光ではっきりとシャーレの形が確認できる

八丈島や小笠原諸島で観光名物となった発光性きのこ

なんとも不思議なきのこである。といっても、昼間にこのきのこを見ても、何の変哲もない白くて小さいきのこ、という印象しか受けないだろう。だがもし、このきのこを夜の森で見つけたら、きのこ好きでなくても興奮することは間違いない。そう、ヤコウタケは「夜光茸」。発光性のあるきのこなのだ。

日本にはヤコウタケ以外にも、ツキヨタケ（No.60）その他、複数の発光性きのこが知られている。ツキヨタケは大型のきのこだが、その光は弱く、暗やみでしばらく目を慣らさないと、光っている様子を見ることはできない。一方、ヤコウタケの光の強さは、世界の発光性きのこの中でも、おそらくトップレベルだ。何本か集めれば暗やみで新聞が読めるほど、というのはやや言い過ぎかもしれないが、確かにきのこの光だけで文字を読むことができる。

よく誤解されているが、発光性きのこは夜にだけ光っているのではない。昼間も光っているのだが周りの光が強すぎて、きのこの光が見えにくいだけなのだ。その証拠に強い光を放つヤコウタケの場合は、昼間に手のひらで包み込むように陰を作る程度で、ぼわっと薄緑色に光っているのが確認できる。

なぜきのこは光るのか？　これは永遠の謎かもしれない。ただし、光るメカニズム（どのように光るのか）については、ゲノム解析や様々な生化学的な実験から、ほぼ明らかにされつつある。詳しい内容は割愛するが、ホタルやクラゲなど、他の発光生物とは全く異なる仕組みで光っているようだ。

もうひとつの「なぜ」、つまり「どのような目的で」光っているのか、はさらに難問である。虫（やその他の動物）をおびき寄せている、もしくは反対に警告を送っている、という説から、意味もなくたまたま光っている、という説まであり、興味は尽きない。（保坂）

58 ウスキブナノミタケ

［学名］*Mycena crocea*
担子菌門　ハラタケ目
クヌギタケ科

秋、ブナの実に生える繊細なきのこ

このきのこは秋にブナの樹の下で見つけることができる。きのこの柄の部分を下にたってゆくと落ち葉に埋もれたブナの実（堅果）に突き当たる。ウスキブナノミタケはブナの実を好んで利用しているのだ。前年に落ちたブナの実から出ているといわれている。日本で最初に報告されたのは鳥取県大山のブナの実から発生したものである。日本のブナの分布の北限は北海道黒松内とされるが、そこでもちゃんと発生する。北米ではクルミの仲間の実（堅果）から発生するといわれているのだが、日本ではブナの実以外からの報告はない。利用する実の樹種が異なるだけでなく、きのこを顕微鏡で見た形態にも若干の違いがあるようだ。このため日本で見られるものは北米のものとは別種である可能性も指摘されている。

ウスキブナノミタケが含まれるクヌギタケ属（*Mycena*）は世界で約500種が報告されている大きなグループである。日本では約70種が知られているが、ほとんどの種が落葉や落枝あるいは枯れた樹の幹などの死んだ植物を分解して利用することで生活している。この分解活動のおかげで、落ち葉などに含まれていた養分が植物の利用できるかたちとなって土に還ってゆく。そのため森林の物質循環においてこのきのこの仲間は大切な働きを担っているのだ。それにもかかわらず、クヌギタケの仲間の多くの種は小さくて灰色がかった地味なきのこである。ウスキブナノミタケのように鮮やかな色をしたものはごく少数派である。

ブナの森では、たくさんの実をつける年とあまりつけない年（豊凶）のあることが知られている。豊作年は5〜7年ごとにやってくるといわれるが、その間は凶作となることが多いようだ。ウスキブナノミタケはブナの実がない年はどうしているのだろうか。

（宮本）

ブナの実（堅果）から発生しているウスキブナノミタケ
（2点とも、撮影：浅井郁夫）

59 オルピディウム・ヴィシアエ

［学名］*Olpidium viciae*
フクロカビ門　フクロカビ目
フクロカビ科

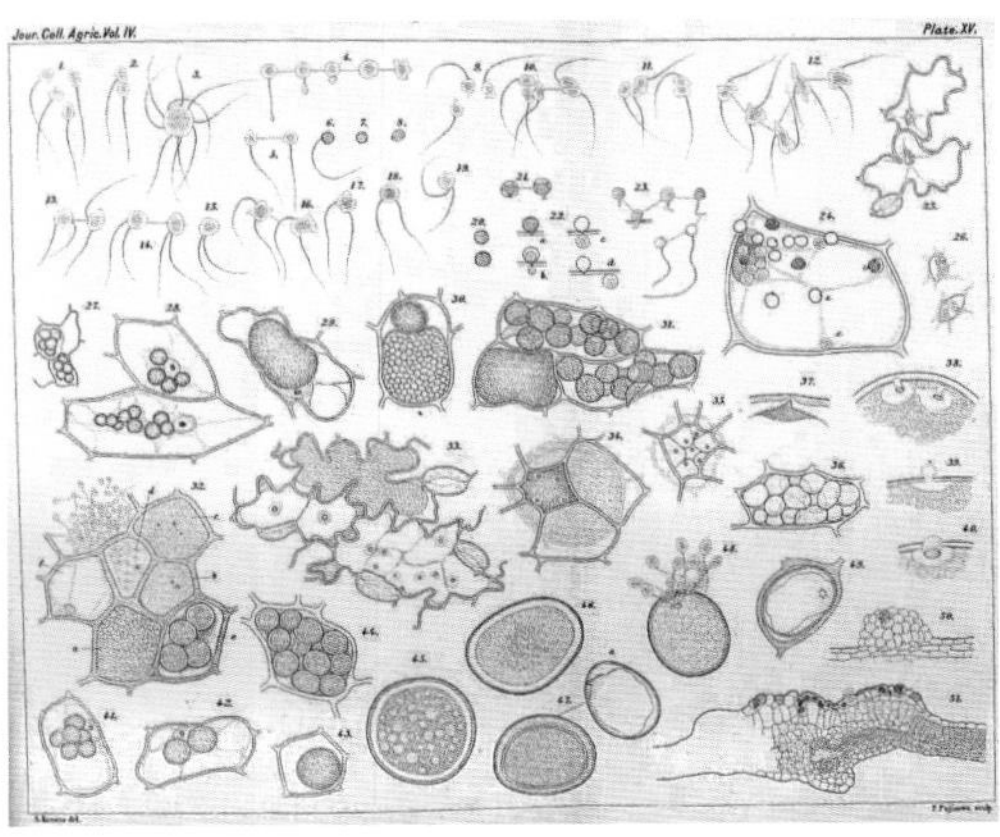

上：オルピディウム・ヴィシアエの形態スケッチ
左：菌に感染したナンテンハギ

（1912年に発表された草野俊助博士の論文 “On the life-history and cytology of a new Olpidium with special reference to the copulation of motile isogametes” より）

日本人が生活史の解明に関わったカビ

今から遡ること100年以上も前の一九一二年、一人の日本人研究者、草野俊助博士（後の日本菌学会初代会長）によりオルピディウム・ヴィシアエという菌が記載された。この菌は、ナンテンハギという植物に寄生するツボカビの仲間である。ツボカビとは、泳ぐ胞子ともいえる遊走子を生じることが特徴の菌類であり、菌類の中で最も原始的な系統に位置する。

オルピディウム・ヴィシアエは、この泳ぐ菌類ツボカビの中でも、陸上植物であるナンテンハギの葉に寄生する変わり者である。ナンテンハギの葉の上にたどり着いた遊走子は、鞭毛を細胞内に引っ込め細胞壁を持った丸い細胞となり、他の植物寄生菌と同じように発芽して葉の細胞内へ侵入する。オルピディウム属は和名をフクロカビ属というが、細胞内に侵入したオルピディウム・ヴィシアエは遊走子嚢のみからなる単純な菌体、まさに遊走子を含む袋を形成する。遊走子嚢から新たな遊走子が放出され、遊走子は次の感染を目指して泳ぎまわる。

草野博士によるオルピディウム・ヴィシアエの記載は、生活環の緻密な観察に基づいており、その見事な一連の観察は後の菌学の教科書でたびたび引用されている。特に重要であったのは有性生殖の観察である。オルピディウム・ヴィシアエの有性生殖では、二つの遊走子が接合して一つの細胞となり、これが通常の遊走子と同様にナンテンハギの葉の細胞に侵入し、休眠胞子を形成する。当時、ツボカビの有性生殖の観察例は少なく、特に遊走子と遊走子が融合するタイプの有性生殖の観察は草野博士の観察が初であった。草野博士は、野外で採集した生体試料の観察を二年間続けた上に、実験室内で摂取試験を行いさらに詳細な観察を行ったという。日本の菌学の先駆者である草野博士によるオルピディウム・ヴィシアエの観察は、まさに日本が世界に誇る研究の一つといえるだろう。

（瀬戸）

60 ツキヨタケ

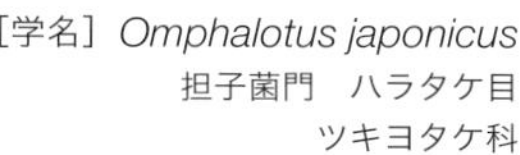

［学名］*Omphalotus japonicus*
担子菌門　ハラタケ目
ツキヨタケ科

発光性でも知られるブナ林代表きのこ中毒ナンバーワン

ブナの枯木に多数が重なって生える

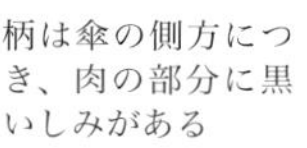

柄は傘の側方につき、肉の部分に黒いしみがある

ブナ林には多くのきのこが生える。その中でも目につきやすいのは、枯木に生えるツキヨタケだ。関東地方では9～10月に多数が重なり合って生える。傘は濃褐色で、大きいものでは20㎝に達する。褐色の短い柄が傘の横側か中心からずれた位置につき、ひだの付け根の部分は輪状に盛り上がっている。柄の肉に黒い大きなしみがあるのが特徴である。

ツキヨタケには毒がある。毒成分はイルージンSなどで、食べると嘔吐、腹痛、下痢などを起こす。しかし、シイタケ〔No.50〕やヒラタケ〔No.72〕、ムキタケに似ていて、地味な色で食べごたえのある美味しそうな外観をしているため、食べる人が多く、日本で最も中毒件数の多いきのことなっている。平成18～27年には厚生労働省が把握しているものだけで159件のツキヨタケによる食中毒が起きた。これは、日本のきのこ中毒全体の約三割に当たる。

また、ツキヨタケは、発光きのことしても知られている。実際は暗い場所でないと気づかない程度のことが多いが、新鮮な時はその光で本が読めることもある。光るのはひだの部分で、発光は傘が開いた後の数日である。

日本の毒きのこの中では古くから知られ、『今昔物語』ほか多くの文献に登場した。江戸時代の百科事典『和漢三才図会（わかんさんさいずえ）』には、「ブナの木に生えるきのこ、光るきのこは毒」との記載があり、これはツキヨタケのことを指している。ツキヨタケは日本特産だが、近縁種 *Omphalotus olearius* は欧米に分布し、オリーブの木に生える。同様に光る毒きのことして知られ、昆虫記で有名なファーブルも記録を残している。このきのこはツキヨタケとは形が異なり、柄が発達したロート形をしているため、長らく別属とされてきたが、近年のDNA解析の結果、同じ属として扱われることになった。

（根田）

⑥①ホネタケ

フクロウの骨に発生したホネタケ

ホネタケの子実体（拡大）

［学名］*Onygena corvina*
子嚢菌門　ホネタケ目
ホネタケ科

フクロウのくちばしなどに発生する稀菌

ホネタケといえば、日本ばかりでなく世界的に見ても稀にしか出現しない、特別な菌である。北半球の温帯に分布するとされるが、日本では一九五八年に山形県の朝日岳で採集されたのが最初で、その後めったに記録されたことがない珍菌なのである。かの南方熊楠（みなかたくまぐす）も、自宅の庭で発見して、研究したことがあるという。国立科学博物館にも、そのコレクションは二点しかなく、そのうち一点は、上野の国立科学博物館日本館一階で展示されている。ホネタケは、典型的には鳥の羽やくちばし、哺乳類の死骸のひづめ、角、骨に発生する菌である。これらの基質上に、1～2㎝の長さの円筒形の柄の上に直径1～2㎜の球形の構造を伴った微小な子実体（しじつたい）（きのこ）を形成する。骨には爪と同様にケラチンというタンパク質が含まれており、ホネタケの仲間はこのケラチンを分解する酵素を生産するため、このような特殊な基質の上で生育するのだ。

ホネタケは珍しい、といったが、実はホネタケのようにケラチンを分解するホネタケの仲間は他にもいる。土をひとつかみ採ってきて、湿室（タッパーの様なものでよい）に置いて、爪や髪の毛などを置いてみよう。数日で、これらの基質の上に白いカビが発生しているのが分かる。いずれも、ケラチン分解菌であり、この「髪餌法」と呼ばれる方法は、「餌」を替えることによって、様々な特徴を持ったカビを「釣る」ために利用されるきっかけとなった。ケラチン分解性のカビは、実はホネタケの仲間の無性生殖をしている姿であることが多い。ホネタケの仲間の大部分はカビのように微小なものが多く、人間の目に触れられるほどの大きさになるのはむしろ稀なのだ。

（細矢）

(62) オオゼミタケ

［学名］*Ophiocordyceps heteropoda*
子嚢菌門　ニクザキン目
オフィオコルディセプス科

セミの幼虫から発生する身近な冬虫夏草

オオゼミタケは、西日本に多い。3月末から4月にかけて発生し冬虫夏草シーズンの始まりを告げる。昆虫やクモの仲間から生えてくるきのこをまとめて日本では冬虫夏草類という。日本は300種を超える冬虫夏草類が記録されており、海外の研究者があこがれる冬虫夏草類の宝庫である。

3月に訪れた高知県で、高さ5〜6㎝の茶色いマッチ棒を大きくしたような形のきのこが地面から伸び出していた。ピンときて掘り始めた。注意深く掘り進めたのでセミまで約15㎝掘るのに二時間以上かかった。さて、掘り出した幼虫を摘むと菌が充満して硬く、菌糸で外側が覆われている部分もあるが、まるで生きているかのようにヒグラシの幼虫の形がそのまま残っていた。餌食となる生物のことのことを宿主（寄主）と呼ぶ。宿主の種類が分かればその生態が分かり、続いて菌の生態調査にもつながる。小林義雄博士が一九三九年にオオゼミタケの名を与え、新種として報告した時の宿主はエゾゼミ、コエゾゼミ、アブラゼミであった。今は、オオセミタケと呼ばれることも多い。

さて、採集を続けるとひとつ気づくことがある。みな親になる直前の成熟した幼虫から発生している。セミの幼虫を宿主とする冬虫夏草類は日本から20種以上記録されているが、すべて成熟幼虫から発生している。若い幼虫には感染できないのであろうか。それとも感染しても小さすぎて、きのこを作る養分が足りないのであろうか。胞子を生きた昆虫に擦り付けると、その昆虫は病気になって死亡し、そのあとに、きのこを作る冬虫夏草類もあることが確かめられている。気になるところだが、残念ながら地中のセミの幼虫に菌を接種して確かめた実験はまだない。（佐藤）

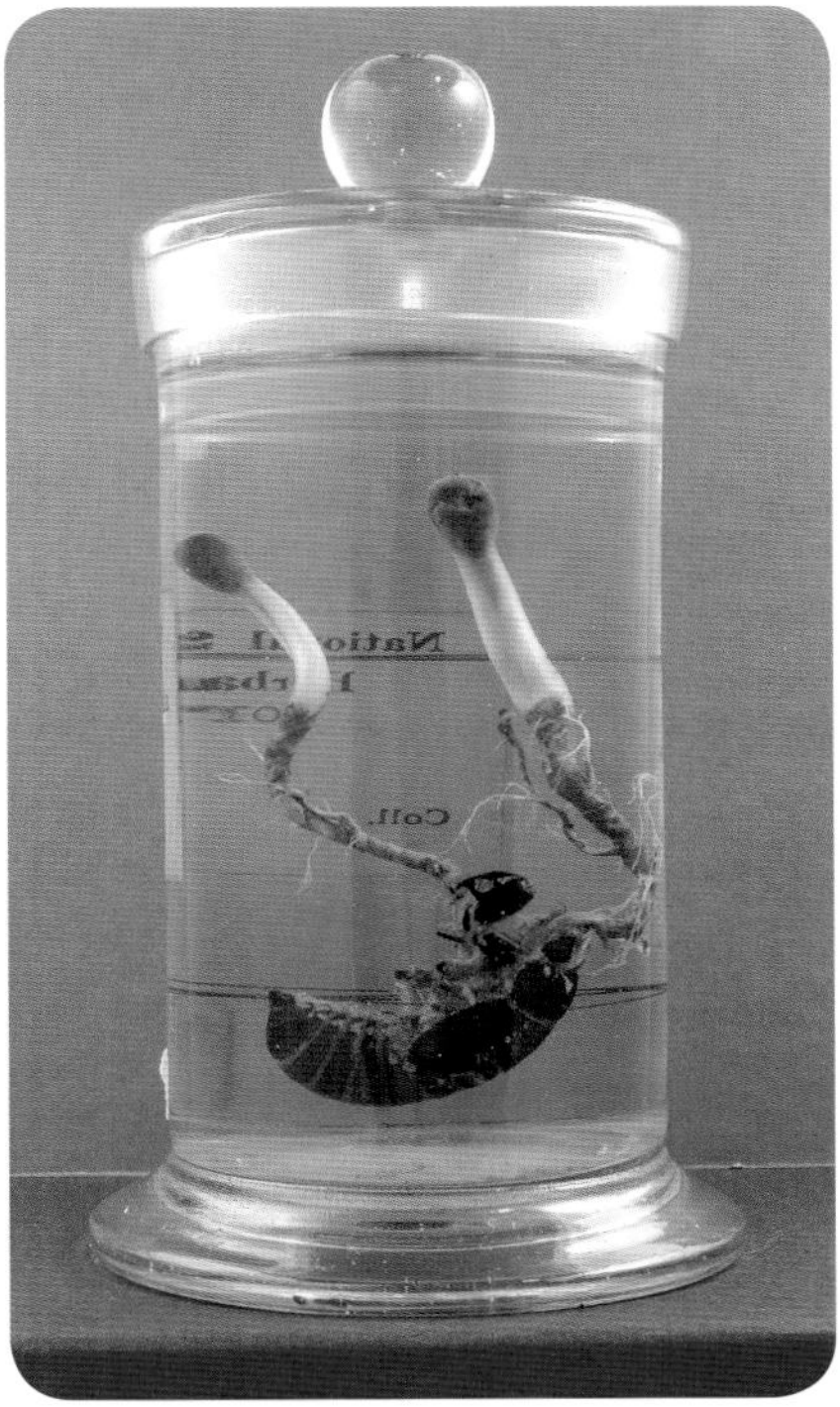

新種の報告に使われた標本の一つ。エゾゼミから生えている（国立科学博物館所蔵）

63 ドクササコ

［学名］*Paralepistopsis acromelalga*
担子菌門　ハラタケ目
キシメジ科

食べたら地獄の苦しみ、恐怖の毒きのこ

名前を漢字で書くと、毒笹子。笹藪でよく見られることからこの和名がつけられたが、杉林や広葉樹林でも見られる。

このきのこは誤って食べると、手足の先端が赤く腫れ上がり痛み出す。種小名の *acromelalga* は、肢端紅痛症（acromelalgia）に由来し、市村塘によって新種登録された。

ドクササコ（撮影：森本繁雄）

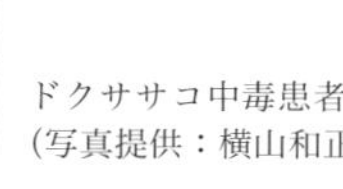

ドクササコ中毒患者の手
（写真提供：横山和正）

きのこをたくさん食べると発症が早いが、少ないと一週間もしてから症状が出てきて、およそ一カ月も続く。その痛みは焼け火箸を刺したような痛みといわれ、何かに触れても痛いので、痛みを緩和するには、水に手足を入れて冷やす以外に手だてがなかった。しかし、冷やし過ぎれば血行が悪くなるため組織が死んでしまう。手足の切断以外、命を救うことができない状態になっていても手術を拒否したため、敗血症（傷からばい菌が入る）になり亡くなった人もいる。まさかこんな症状が、きのこを食べたことが原因だなんて想像できなかったため、長い間この病気は北陸や東北地方に起こりやすい風土病だと思われていた。しかし、鋭い観察眼を持った医者と菌類研究者との共同研究の結果、この症状はきのこ中毒によるものであることが分かった。中毒がしばしば起こった地域では、いろいろな野生きのこを食べる習慣があることが中毒を引き起こした原因であり、現在では関東や近畿地方にも分布していることが知られている。また、同じ症状を引き起こす中毒がフランスで起こり、原因となったきのこはドクササコに似た *Paralepistopsis amoenolens* という同属のきのこであることが判明した。

人と同じ中毒症状を動物実験で再現することができないため、原因物質はまだはっきりしていないが、ラットの中枢神経に毒性を示す強毒（アクロメリン酸類）やマウス致死活性を持つ弱毒（クリチジン）などが得られている。（橋本）

64 ペニシリウム・シトリナム

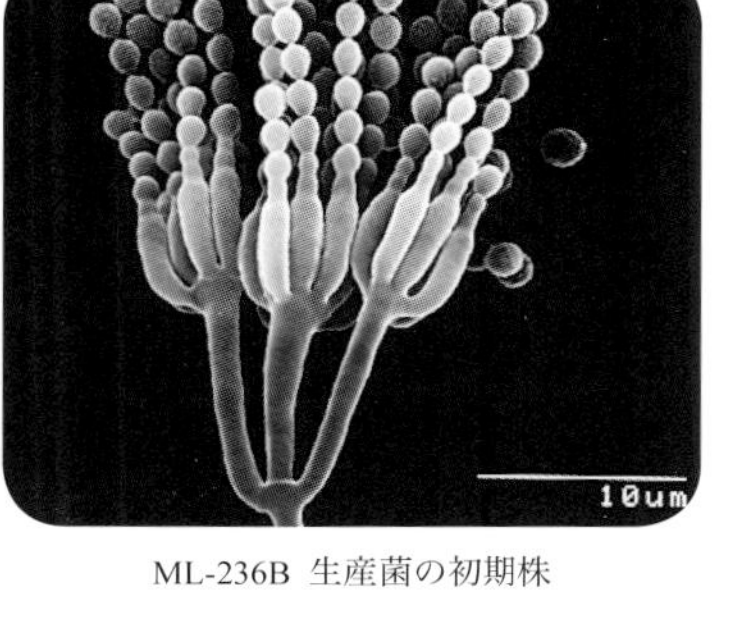

ML-236B 生産菌の初期株

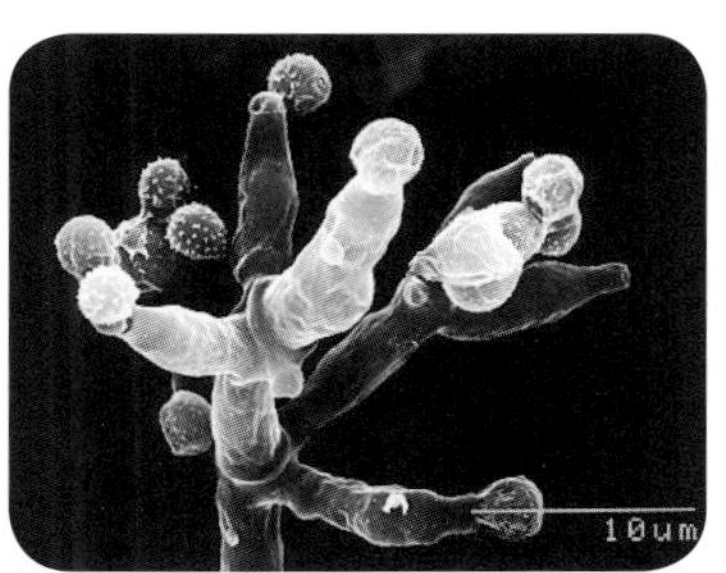

改良を重ねていった高生産株。原型を留めないほどに変化している

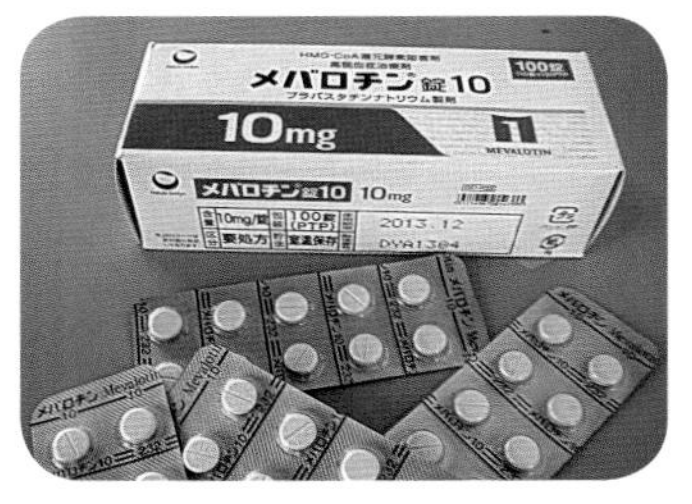

世界的に知られるコレステロール低下錠剤

［学名］*Penicillium citrinum*
子嚢菌門　ユーロチウム目
マユハキタケ科

世界的に知られる、コレステロール低下剤の開発に貢献

ペニシリウムは一般にはアオカビといわれ、非常に多くの種類が知られている。ペニシリウム・シトリナムは、その中の一種にすぎないが、かつて日本中を騒がした事件にかかわった仲間でもある。黄変米（おうへんまい）事件という、戦後の日本は大変な食糧難に見舞われ、特にコメ不足は深刻でタイなどから輸入していたが、このコメが黄色く変色していることがしばしば見られた。それでも捨てるわけにはいかない状況から、少し混ざっている程度ならと国民に配給（当時は自由に購入できなかった）。ところが、変色米を調べてみると毒性の強いことが分かり、大きな政治問題となった。

そんな事件もあって、コメなどが国家検定の対象になり、国立衛生試験所（現・国立医薬品食品衛生研究所）で検査が行われていた。

製薬企業に入社間もないころであった筆者は、カビの勉強がしたくて、終業後に非公式で、しばしば衛生試験所に出かけ、検定後の試料を勉強材料にさせてもらっていた。その中に京都府産のコメでペニシリウム・シトリナムと思われるのだが、少し変なカビがあった。シトリナムは寒天培地に黄色の色素を出すことが一つの特徴だが、このカビは出していない。そこで、会社に持ち帰りさらに観察を続けると共に、当時社内でコレステロールを抑える薬を見つける研究をしていた研究者にも手渡して試験してもらった。その結果、このカビが効果の高い物質を生産していたことから、その有効成分が分離され ML-236B と名付けられた。この物質は人のコレステロールをほどよく制御することが分かり、研究を続けた結果、これに別の微生物（放線菌の一種）を作用させて、画期的な薬としてプラバスタチン（商品名＝メバロチン）の開発に成功、一九八九（平成元）年に世に出され、百カ国以上の国々で使われることになったのである。

（古谷）

65 ファフィア・ロドツィーマ

［学名］*Phaffia rhodozyma*
担子菌門　シストフィロバシディウム目
ムラキア科

日本発の天然色素 アスタキサンチンを生産する酵母

一九六一年の池田総理大臣とケネディ大統領の共同声明に端を発する日米共同科学研究プロジェクトの内の「菌類フローラ研究」（責任者：小林義雄・印東弘玄）に手を挙げた東京家政大学の曽根田正巳は、広島大学の米田や米国カリフォルニア大学のH・J・ファフ、その弟子M・W・ミラーらとともに、一九六七年にわが国では九州から北海道まで、北アメリカ西海岸ではアラスカからカリフォルニアまで樹液酵母の採集に出かけた。そのミソは現地で分離を行うということで、当時最新の滅菌プラスティック・シャーレに培地を分注して採集場所に持参したそうである。得られた大量の分離株の中に、奇妙な赤い酵母が少なくとも10株あったと、大磯在住で取材時に90歳の誕生日を迎えたばかりの曽根田先生は語った。赤い酵母といえば海洋にしばしば見られるロドトルラが有名である。しかしロドトルラはブドウ糖から炭酸ガスを生成しないが、新しい赤い酵母は発酵能があった。当初ファフらはロドザイマ・モンタナエと命名したが、正式な発表ではなかったため、後年（一九七六）にミラーらは最初の分離者であるファフの名前を冠してファフィア・ロドツィーマと命名した。一九九五年には本種のテレオモルフ（有性生殖を営んでいる状態）が発見されている。地球上に広く分布するが、本当の宿主はまだ分かっていない。しかし本種が分離されるのはブナ科の木が多く、分離されたブナ科植物の系統と本種の生物地理学的な一致があるともされている。

本酵母はカロテノイド色素の一つであるアスタキサンチンを生産する。アスタキサンチンは高い抗酸化機能を持ち、水産養殖や医薬品工業等に貢献している。

なお現在アスタキサンチンの生産は主として合成か藻類のヘマトコッカスに委ねられているが、カロテノイド色素の生合成経路は担子菌きのこに結構普遍的に存在するので、育種により新たな生産菌を確保することも不可能ではない。

（奥田＋高島）

＊本稿を作成するにあたり貴重な証言をいただいた東京家政大学・曽根田正巳名誉教授に感謝いたします。

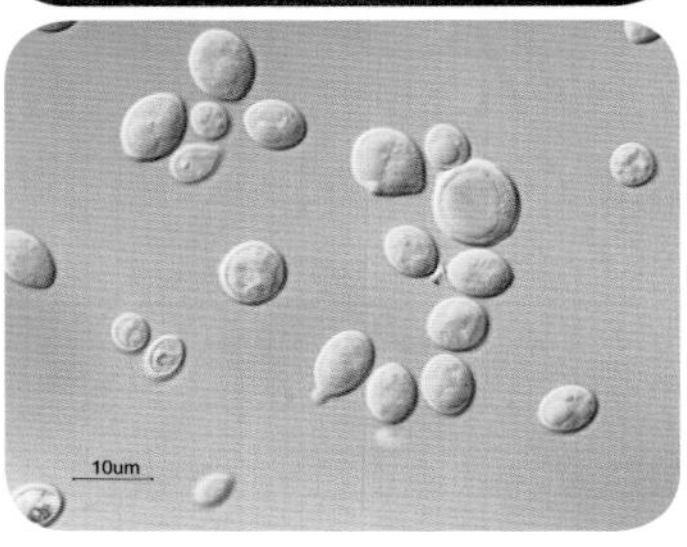

ファフィア・ロドツィーマ
1967年京都大学の演習林美山のブナの樹液から分離されたタイプ由来株のNBRC 10129株（Phaff UCD 67-210）

（上）イースト・モルフォロジー寒天上で室温1カ月培養したコロニー
（下）同寒天で2週間培養の顕微鏡写真

66 ウスキキヌガサタケ

ウスキキヌガサタケ
下のような状態から１時間程でレースが開き切る

［学名］*Phallus luteus*
担子菌門　スッポンタケ目
スッポンタケ科

形も色も美しい絶滅危惧種

鮮やかな黄色のレースを身にまとい、すらりとした白色の柄と、暗緑色の胞子を含む粘液塊を付着させた釣り鐘形の傘を持ち、基部には赤紫色のつぼを備える、見た目も色合いも優美なきのこである。筆者は高知県や広島県で実際にこのきのこを観察したとき、自然界の造形美に思わずため息が出た。

ウスキキヌガサタケは、日本では滋賀県以西の温暖な地域に分布し、主に竹林、スギ・ヒノキ林や、シイ・カシ類からなる常緑広葉樹林内などに、初夏と秋に発生する。近縁な種に白色のレースを持つキヌガサタケがあるが、こちらは主に竹林に発生し、本州以南の広い地域に分布する。

ウスキキヌガサタケはスッポンタケ科のきのこで、最初は球形から卵形の状態で地表に現れるが、やがてその頂部がひび割れ、内部から柄と傘が伸長する。柄が伸長すると、傘の付け根付近から黄色のレースが広がる。その後の運命ははかなく、レースが広がった数時間後にはしおれてしまう。

傘の表面に付着する、胞子を含んだグレバと呼ばれる粘液塊は、柑橘類あるいは麝香のような甘い香りを放つ。これにおびき寄せられた昆虫が、グレバを食べることで胞子が運搬され、分布を広げると考えられている。スッポンタケ科のきのこには、胞子の分散を昆虫に依存する種が多い。このため多くの種が独特の香りを放ち、昆虫を惹きつけるが、強烈な塩素臭がするスッポンタケや、糞臭を漂わせるキツネノロウソクなどと異なり、ウスキキヌガサタケの甘い香りはどこか妖艶である。

なお、このきのこはどこにでも見られるというわけではなく、発生地点は局地的である。このため環境省のレッドリストにも掲載されており、生育環境の保全が必要である。（糟谷）

竹林に発生するキヌガサタケ（左下＝幼菌）

67 ナメコ

［学名］*Pholiota microspora*
担子菌門　ハラタケ目
モエギタケ科

野生のナメコ。渓流沿いのブナ倒木に発生することが多い（撮影:田中誠）

原木栽培の伏せ込場はやや湿度の高い場所

左：原木栽培のナメコ

ビン栽培による工場規模での効率的な生産

日本で栽培法が確立した食用きのこ

わが国のきのこ栽培は、木材を基質とするシイタケ〔No.50〕やエノキタケ〔No.31〕などの原木栽培（げんぼくさいばい）が始まりであり、それは豊富な森林資源と四季の変化を特徴とする自然環境に由来する。当初、ナメコも原木栽培が行われていたが、昭和30年代の後半に福島県で魚箱を用いた菌床栽培（きんしょうさいばい）が行われ、原木での栽培は徐々に減少することになる。そして、昭和40年代の中頃からは袋栽培、昭和60年代にはビン栽培が行われるようになり、工場規模でのナメコの周年栽培が確立した。

ナメコは晩秋～冬、落葉広葉樹の倒木や切り株上に発生する。傘は褐色～黄褐色で、表面は著しい粘液（ヌメリ）で厚く覆われる。この粘液はムチンという成分で、山芋、オクラ、モロヘイヤなどにも豊富に含まれ、胃の粘膜を保護する作用やコレステロールを排出する働きなどが知られている。

ナメコは味噌汁の具、大根おろし和えなどで食べることが多いが、かき揚げ天ぷらや炒め物、傘を開かせればつけ焼きなどにも適しており、今後は料理の幅をもっと広げる工夫が必要かも知れない。なお、ナメコはシイタケとともに、冷凍することで旨味成分が増えるトップクラスのきのことされている。これは、細胞内の水分が凍結することで細胞組織にダメージが加わり、加熱調理の過程で旨味をつくる酵素が活発に働くからだ。

筆者は、市販の小粒（つぼみ）よりも適度に傘が開いた原木栽培や野生ナメコの食感が好きで、より美味しいと感じられる。野生ナメコを探すポイントは、晩秋の渓流沿いのブナの倒木だ。読者にもぜひチャレンジしていただきたい。

（中澤）

(68) フィコミケス・ニテンス

［学名］*Phycomyces nitens*
ケカビ亜門　ケカビ目
ヒゲカビ科

光に反応する大きな糞生菌（ふんせいきん）

菌類は、その形状や性状から、カビ・酵母・きのこに分けられる。きのこは大型の種類が多く、肉眼やルーペなどで多数の情報が得られる存在である。一方、カビや酵母は、その存在は分かっても、さらに調べようとすると顕微鏡が必要になる場合が多い。ところが、その存在を主張する「カビ」がいる。糞に生えるヒゲカビ（和名）である。この仲間には主に二種、フィコミセス・ニテンスとフィコミセス・ブラケスリーアヌスが知られるが、一見では区別がつかないので総じてヒゲカビと呼ばれることが多い。まさにその様は旧千円札にみる伊藤博文が蓄えたヒゲのごとくである。

糞生菌とはいえ、狙いと運を味方につければ意外と見つけることができるという。気温が30度を超えると胞子の発芽は起こるがその後の成長は見られないことから、涼しくなる秋から冬季、春先にわたる11〜4月に哺乳類（イヌ、タヌキ、ノウサギ、ネコ、アライグマ、ネズミ、ハクビシン）の糞上に発生する。分離培養は容易で、ビタミンB_1を補強したジャガイモ・ブドウ糖寒天培地でよく生育し、4〜5日ほどで太さ0.1㎜程度、高さ10㎝以上の「マッチ棒様」構造物（無性生殖器官＝頂端に胞子が詰まった胞子嚢（ほうしのう）を一つ付ける胞子嚢柄）を作りあげる。（＋）と（−）の二性があり有性生殖も行う。

大きく生育することに加え、光に反応することでも知られる。菌糸や伸び上がる前の無性生殖器官は蓄積したベータカロテンにより黄色〜オレンジ色をしているが、光（特に青色光）によりその合成は強く促進される。また、伸び上がる胞子嚢柄はやってくる光の方向を知り応答する仕組みを持っていて、光の方向に伸長していく正の光屈性を示す。遺伝的な性質が有利な類縁種であるフィコミセス・ブラケスリーアヌスはモデル菌類として光応答反応の研究に利用されている。（宮嵜）

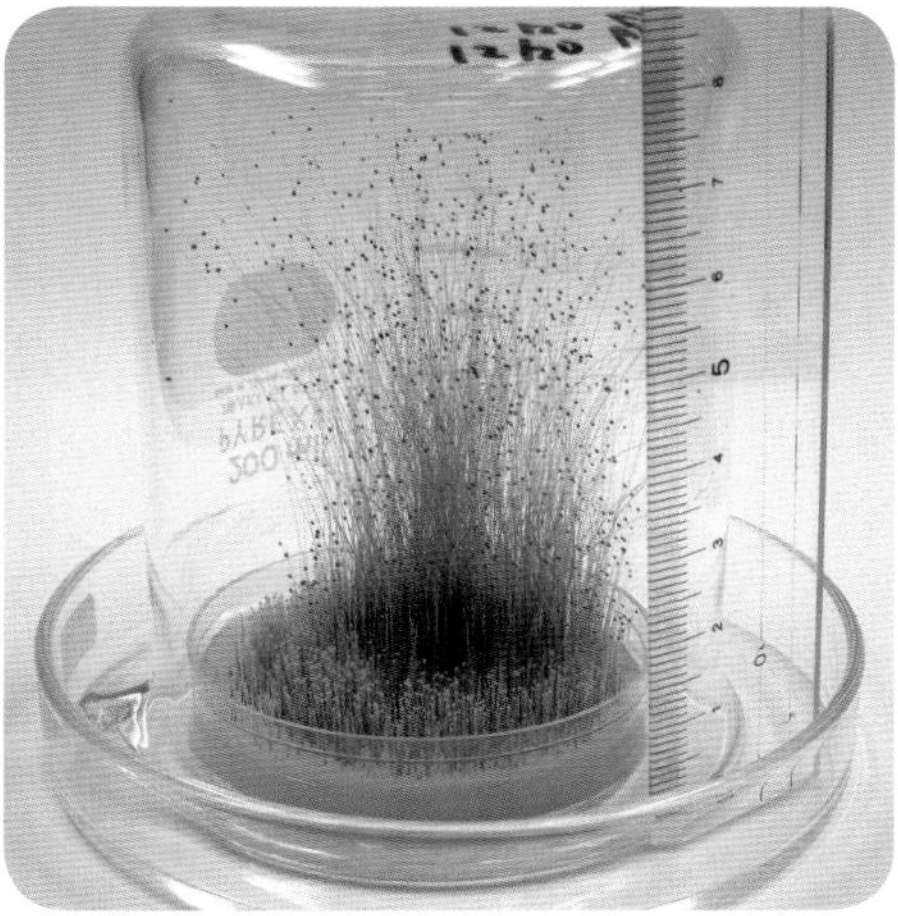

大きく成長したヒゲカビ

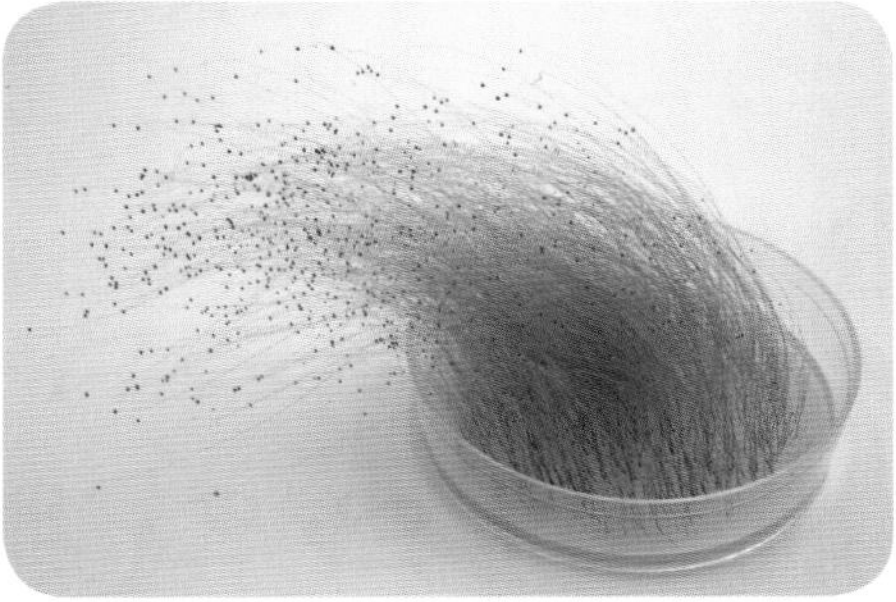

光の来る方向へ伸長する光屈性を示すヒゲカビ

(69) スギノタマバリタケ

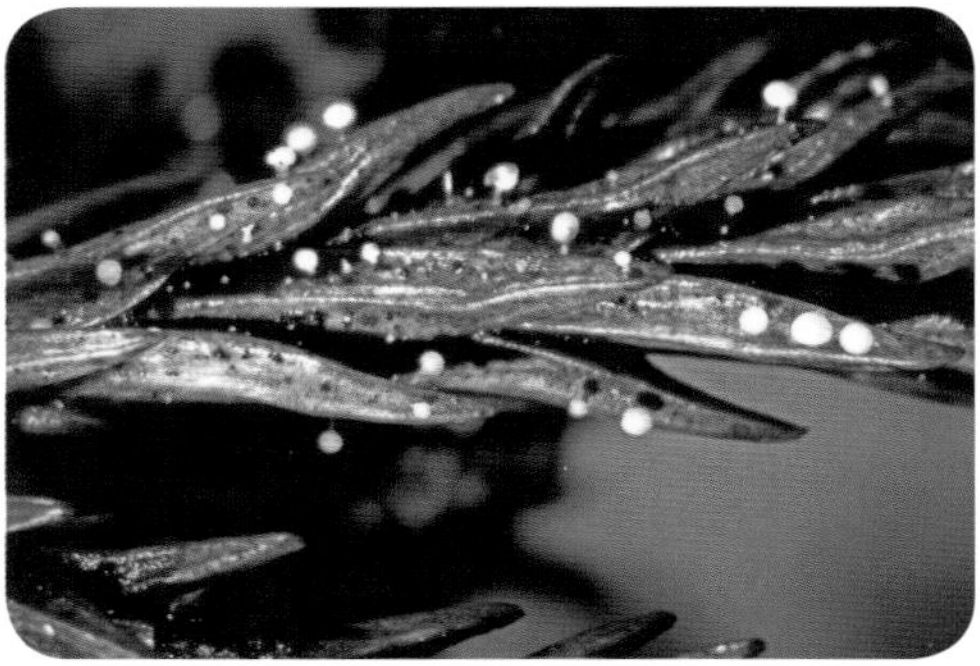

枯葉に発生しているスギノタマバリタケ

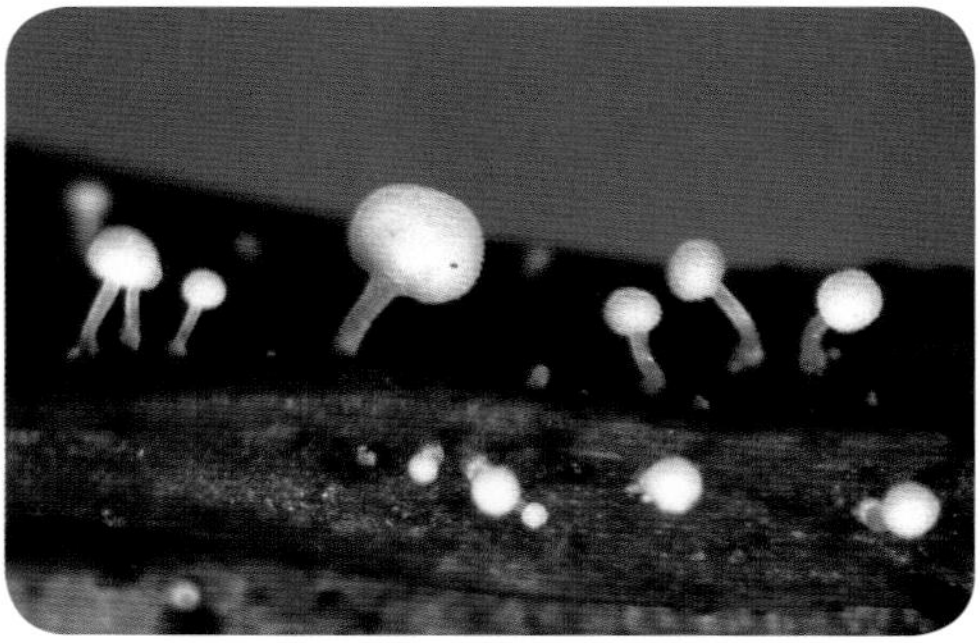

拡大したもの。通常このように１個ずつ生える

［学名］*Physalacria cryptomeriae*
担子菌門　ハラタケ目
タマバリタケ科

スギ落枝の枯葉上に生える極小きのこ

きのことは、本来、菌類の作る大型の子実体（胞子を形成する器官）のことで、転じて大型の子実体を作る菌類に対する俗称としても用いられている。しかし、この「大型」は必ずしも文字どおりの大きなきのこを意味するものではなく、きのこの中には、ここで紹介するスギノタマバリタケのように、肉眼でどうにか認められる程度の極めて小さなものもある。本種はその名前が示すようにスギに生えるが、生える場所は落枝上の枯葉である。きのこは白いまち針状で、高さは１㎜位。球形の頭部（内部空洞状）と円柱状の柄からなり、胞子を作る担子器が頭部の表面全体を覆っている。スギの分布に伴って北は北海道南部から南は屋久島まで広く分布し、主に梅雨の頃発生するが、極めて小さいので見つけるのはなかなか難しい。神社やお寺の境内に植えられた古いスギの木の下は、本種を探すのによい場所である。

　スギノタマバリタケが記録に登場するのは比較的最近の一九八一年で、アメリカのニューヨーク植物園から新種として報告された。それ以降、イギリス、デンマーク、日本から報告されているが、海外ではいずれも植物園あるいは森林公園（植えられたスギ樹下）で発見されており、大変興味深い。スギの自生地は日本と中国南部（変種シネンシス）で、また、本種はスギ以外から知られていないので、アメリカやヨーロッパでは外来種と考えられている。もしそうなら原産国はどこなのだろうか？　少なくとも今のところは、中国からの報告はないので、もしかしたら日本かもしれない。

　本種は形態的には極めて単純だが、分子系統学的研究によればエノキタケ〔No.31〕やナラタケ〔No.8〕などのひだを持つハラタケ型のきのこに近縁で、進化の過程においてひだを失い、子実体が小型化したものと考えられている。（長澤）

⑦⓪ スギヒラタケ

［学名］*Pleurocybella porrigens*
担子菌門　ハラタケ目
所属科未確定

スギ林の倒木や切り株に折り重なって生えるスギヒラタケ

出始めの頃のスギヒラタケ

可食菌から毒きのこに突然変身?

きのこ採りは、目的のきのこによってマツ林か広葉樹林のどちらかを選ぶことが多い。日本には植林されたスギ林が広がっているが、きのこにはあまり好かれない林のため、早足で通り過ぎてしまうことが多い。しかし、スギ林にも唯一安定して発生する食用きのこがあり、これがスギヒラタケである。暗い林の中の倒木や切り株に真っ白なきのこが折り重なって生える。目立つ上、あまり虫もつかず量がたくさん採れることから、人気の高い食菌であった。

ところが、平成16年の秋に、このきのこが原因と見られる食中毒が相次いで発生した。患者はふらつき、下肢の脱力、発語困難といった運動能力を失ったことを示す症状を訴え、後に痙攣、意識障害を起こし、脳症を経て数名が亡くなった。当初は原因不明であったが、患者の共通事項を調べたところ、ほとんどの患者がスギヒラタケ等のきのこを食べていたことが分かり、いきなり毒きのこのレッテルを貼られることとなった。きのこが変質してしまったのか？ウイルスや化学物質が付着したせいでは？などと憶測が流れたが、中毒事故は広い範囲（秋田、山形、新潟県を中心に九県にわたる）で起こっていることから、これらは否定できる。実情は、平成15年の法改正において、国が原因不明の脳症患者数を把握するために報告を義務付けた結果、事実があぶりだされたということであった。判明したのは、腎機能の弱い人がスギヒラタケを食べた時に、重篤な状況に陥るということである。きのこの中の物質が代謝の過程で、腎臓で処理しきれないまま脳に入ってしまう、あるいは腎機能をさらに悪くする状況を作り出すと、本来排泄すべき物質にふるいをかける作業が追いつかなくなり、有害物質の血中濃度が上がり、脳を侵す確率が高くなるということであるらしい。原因物質については研究が進められており、プレウロサイベルアジリジン、青酸、高分子化合物などの説が出ている。きのこは何も変わっていなかったわけである。

（橋本）

71 タモギタケ

［学名］*Pleurotus citrinopileatus*
担子菌門　ハラタケ目
ヒラタケ科

初夏〜秋、広葉樹の立木や倒木などに株状に群生する

漏斗状をした鮮黄色の傘が特徴だ

タモギタケの栽培。北海道での生産が多く、最近マーケットでも見かける

天然ものは今や貴重品、栽培品が増加中

鮮黄色のタモギタケの群生は、遠くからもよく目立つ存在だ。時には、根元から枝先までに大小のタモギタケが点々と発生する枯れ木に出合うことがあり、映画『幸福の黄色いハンカチ』のラストシーンと重なる。夕張の街にたなびく何十枚もの黄色いハンカチとともに、揺り動かされた筆者の心情の記憶が淡く思い出されるからだ。そんな体験から、タモギタケからは勇気がもらえる気がしてならない。

タモギタケはヒラタケ〔No.72〕の仲間で、初夏〜秋にかけてハルニレ、ヤチダモ、ナラ、カエデなどの倒木、切り株などに発生する。株状の集団を作って発生し、一株の大きさは径15cmに達する。傘は初め饅頭形だが、生育につれて漏斗形となる。鮮黄色〜淡黄色の傘は、やや湿り気を帯びる。タモギはハルニレの北海道での方言名であり、ハルニレとタモギタケの関連の深さを知ることができる。漢字では「楡茸」と書き、カワイ、トチモタシ、ニレタケ、ワカイなど多数の方言名がある。

現在、北海道を中心に菌床栽培（きんしょうさいばい）で生産されており、最近はスーパーや道の駅でも見かけることが多い。上品な味と香り、歯ざわりのよさが特徴で、昔から食用きのこの上位にランクされる。残念なのは、熱を加えると鮮黄色が消えて白色になってしまうこと。

このきのこの成分的な特徴の一つは、抗酸化物質のエルゴチオネインが多く含まれることだ。抗酸化物質は、赤ワインのポリフェノール、トマトのリコピンなどがよく知られており、疾病の原因となる活性酸素を消去する役割が注目されている。最近、五大栄養素に食物繊維と抗酸化物質を加えて、七大栄養素と呼ぶこともある。（中澤）

(72) ヒラタケ

［学名］*Pleurotus ostreatus*
担子菌門　ハラタケ目
ヒラタケ科

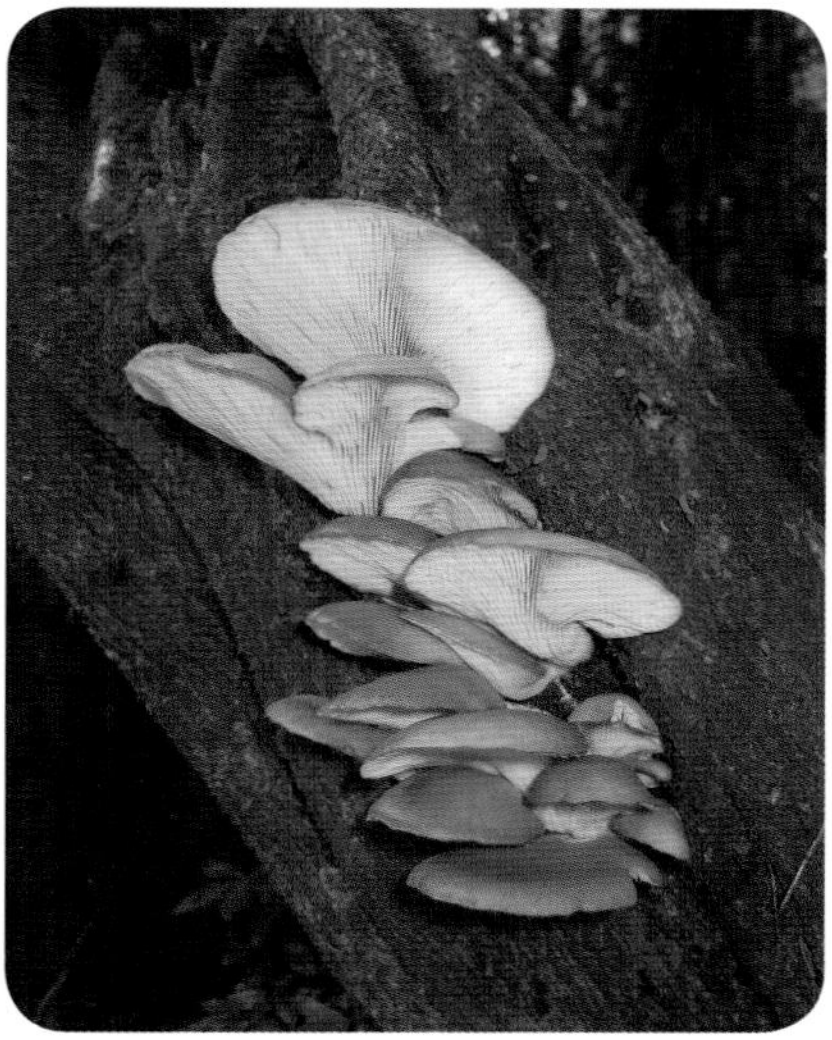

太いフジ蔓から10年以上発生を続けているヒラタケ

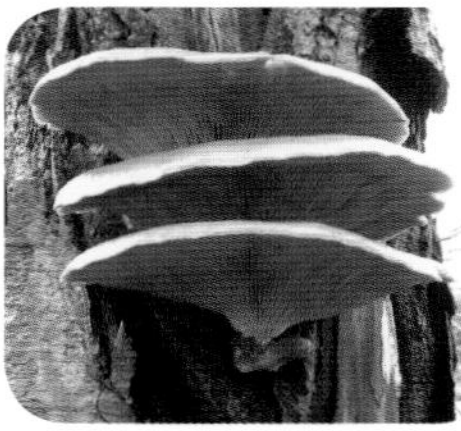

晩秋、国道沿いのケヤキの街路樹から発生

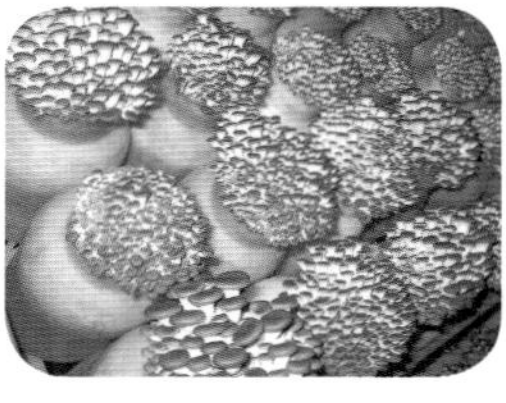

ビン栽培による子実体の発生

スーパーでお馴染み 日本の代表的な食用きのこ

筆者が勤務する職場周辺には広葉樹の森が広がり、その一角にはヒラタケが発生する巨大なフジ蔓がある。毎年、より高い位置に生育範囲が拡大しており、その観察が秋の楽しみの一つだ。ヒラタケの主な発生時期は晩秋だが、冬から春にかけても出る優秀な食用きのこだ。広葉樹の枯れ木や倒木、切り株などに多数重なり合って発生し、ほぼ全世界に分布する。

秋になると野生きのこの鑑定依頼が増えるが、ヒラタケは庭木や街路樹など身近な場所に発生することが多く、持ち込まれる頻度が高い。傘が開いて大きく生育しているものが多く、市販ヒラタケのイメージには結びつかないからだろう。「安心して食べられる美味しいきのこ」と伝えて持ち帰っていただくが、我われは遺伝的に多様な菌株を収集する目的を説明し、分離用としてその一部がいただけることに感謝している。

ヒラタケの仲間には多くの種類があり、いろいろな国でそれぞれの環境に合った種類が多様な材料を使って栽培されている。わが国では、昭和40年代にビン栽培が始められ、商品名「〇〇シメジ」で広く流通していたが、新規に栽培化されたきのことの競合等により、現在の生産量は最盛期の10％程度に減少している。

きのこには、不和合性因子（ふわごうせいいんし）という性の違い（＋、－）があることをご存じだろうか。（＋）と（－）の胞子から成長した菌糸が出合い、両者が接合することで子実体（しじつたい）（きのこ）が作れる菌糸になれるのだ。ヒラタケよりも発生時期が早く、やや小型で肉が薄く、傘の淡いウスヒラタケという種類がある。このきのこはヒラタケと同一とされていたが、両者は交配せず、子実体も形成されないことから昭和52年に別種として区別された。（中澤）

(73) タマチョレイタケ

［学名］*Polyporus tuberaster*
担子菌門　タマチョレイタケ目
タマチョレイタケ科

菌核上にも発生する大型の稀菌

晩春もしくは秋の頃、ブナやミズナラ林などで、このきのこに出合える人はどれくらいいるのだろうか。タマチョレイタケは、中心生の柄と鱗片で覆われた傘を持ち、高さが15cm程度になる比較的大型な菌種である。どことなくフルーティーな香りを発し、見つけた人は思わず手に取りたくなるのではないかと思う。人目を惹く容姿をしているが、複数の県のレッドリスト（絶滅の恐れのある野生生物種のリスト）に掲載されるなど、実に稀なきのこで、見つけようと思って簡単に見つけられるものではない。

タマチョレイタケは、地上から発生する場合と、広葉樹枯木上に子実体（きのこ）を形成する場合とがある。前者の場合は、写真・下で示したように「菌核」と呼ばれる菌糸でできた構造物からきのこが発生する。「猪苓」とは、イノシシの糞を意味しており、この黒い菌核が「タマチョレイタケ」という名前の由来となっている。この菌核は植物でいうところの球根に近いような役割をしており、同じ菌核から数年にわたり何回も発生することもあるらしい。

幸運にも地面から発生しているタマチョレイタケを見つけた人は、柄を丁寧に掘り進め、菌核を掘り当ててみるのも一興ではないだろうか。

傘の裏側を見てみると、シイタケなどのきのこで見られるようなひだはなく、たくさんの孔が並んでいるのが分かる。質感も柔軟ではあるが、実は、大型で木質な「サルノコシカケ類」に近縁な種なのだ。菌核を形成しない場合もあることから分かるように、本種は木材を分解して栄養を摂取している「木材腐朽菌」である。（早乙女）

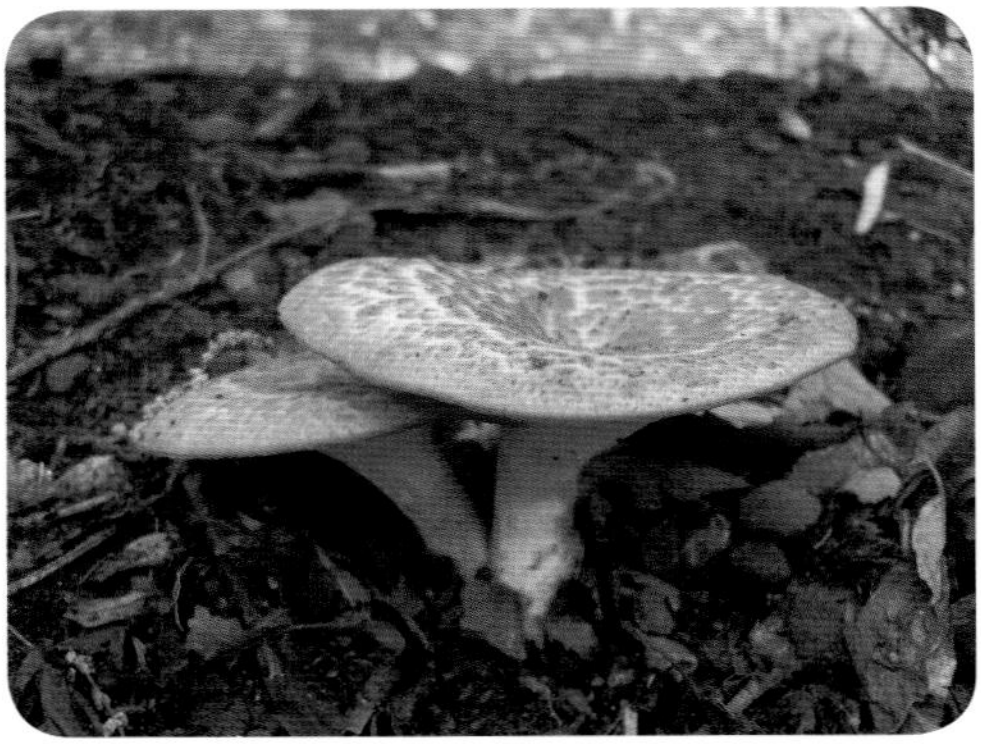

地上部には、きのこの部分だけが見える

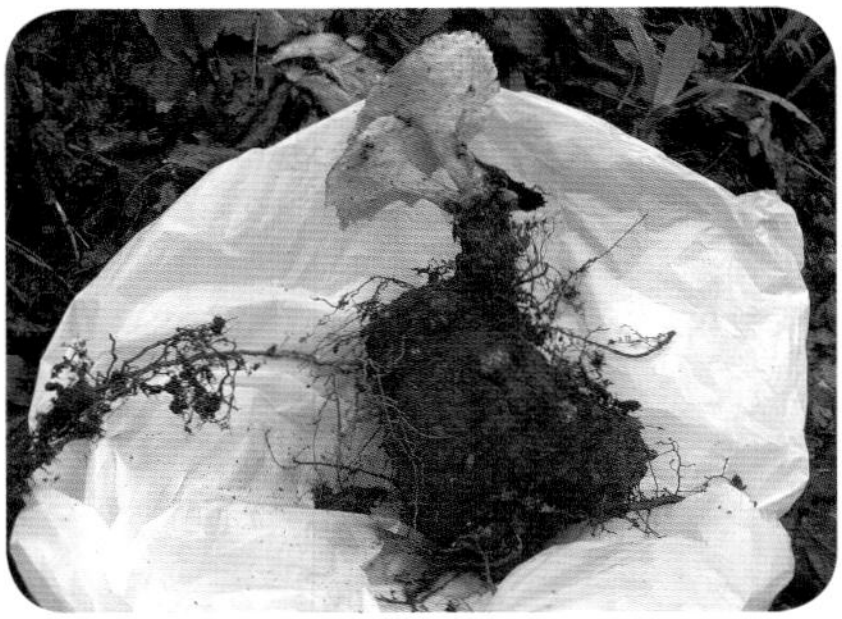

掘り起こした菌核は木の根や泥を巻き込むことも多い
（2点とも、撮影：四ツ木丈司）

⑦④ タマノリイグチ

タマノリイグチ（写真提供：浅井郁夫）

［学名］*Pseudoboletus astraeicola*
担子菌門　イグチ目
イグチ科

ツチグリ上に発生する 特異な生態の日本固有種

　きのこの中には、なるほど風雅な名前だ、と感心するものが多い。他のきのこの傘上にきのこを形成する「ヤグラタケ」もよい名前であるが「タマノリイグチ」も面白い名前である。その名のとおり、一見普通のイグチと思って採ってみると、下に球状のものが付着している。実はこれ、ツチグリ〔No.12〕の幼菌なのである。ツチグリは地上では外皮が星状に開いて球形の薄い皮に包まれた胞子の塊を露出する。しかし、地中の幼菌は外皮が全体を覆っている球状の物体なのだ。タマノリイグチはこのツチグリの幼菌に寄生する。菌類のことを「分解者」と教わると、きのこがきのこに寄生する姿は、一見意外に見えるかもしれない。しかし、生物遺体の分解には昆虫やバクテリアも関与するのだから、「分解」は菌類の専売特許ではない。むしろ菌類は、他の様々な生物と相互関係を営むのが大きな特徴だ。その中には様々な植物と菌根をつくったり、地衣化したりする共生の他、冬虫夏草や植物病原菌のように寄生という関係もある。また、その相手も多様である。したがって、寄生の相手が菌類であっても、とくに驚くべきことではないのである。しかし、イグチ類の大部分が菌根菌で植物と共生するのに対して、タマノリイグチがきのこに寄生するという生き方を選んだのは興味深い。また、どんな系統から進化してきたのか、まだ菌根共生もできるのだろうかなど、進化についての疑問も多数提起してくれるきのこである。

　さて、タマノリイグチの学名 *astraeicola* はその名のとおりツチグリ属（*Astraeus*）のきのこに寄生する、という性質に由来する。本菌は日本を代表する菌学者・今関六也によって最初に記載された。国内に広く分布が知られており、韓国にも知られているが、比較的珍しいきのこである。兵庫県、京都では絶滅危惧種とされている。このようなきのこは、普段出現しているところを知っている人から教えてもらわないとなかなか出合えない。（細矢）

ホストとなっているツチグリ。日本のものは *Astraeus hygrometricus* とされてきたが、最近は韓国で記載された *A. ryoocheoninii* Ryoo とするのが妥当という見解が多い

ツチグリの幼菌。外側は硬い殻皮に覆われており、成熟すると開裂する

⑦⑤ コウボウフデ

群生し、地中の菌蕾から柄が伸び上がるコウボウフデ

柄を持って字を書くことができる

コウボウフデで書かれた文字

［学名］*Pseudotulostoma japonicum*
子嚢菌門　ツチダンゴキン目
ツチダンゴキン科

筆を思わせる姿をもち、近年大きく分類が変更された珍菌

弘法筆という名は実に言い得て妙である。穂先には大量の子嚢胞子が凝縮され、そこに触れると手が粉だらけになる。柄を持って白紙に穂先をあててみよう。墨の代わりに、暗緑青色の胞子で文字を書くことができる。

同じ仲間のきのこは地球の反対側、南アメリカのギアナ高地のテーブルマウンテンでだけ発見されており、これまでヨーロッパや北アメリカでは見つかっていない。姿形も異様だが、分類学上の位置についても異色の経緯をたどってきた。

分類学上きのこを作る菌類は大きく担子菌門と子嚢菌門に分けられる。コウボウフデは川村清一、大谷吉雄といった著名な菌類学者によって、長いこと担子菌類のケシボウズタケ科に属するとされてきた。このことは疑問の余地なしとされ疑いを挟む者は誰もいなかった。

ところが、最近になって子嚢菌であることが分かって門レベルでの変更がなされた。こういった大きな分類群での変更は珍しい。しかも興味深いことに、この変更は分類の専門家によってではなく、アマチュアによってなされた。なぜだろうか？

ひとつには稀菌であり、なかなか出合えないことがある。このきのこは秋にアカマツ混じりの広葉樹林に出る。ほぼ毎年出る所が国内で数カ所知られているが、多くの場所ではその年限りのようだ。

また、専門家はすでに確立された通説をいちいち疑いはしない。たとえ疑わしいと思っても、師の言説や通説に異論を唱えることは難しい。しかし、師弟関係のないアマチュアはいくら高名な学者の説でも疑ってかかることができる。アマチュアの蛮勇と大胆さがそれまでの通説をひっくり返した。

きのこの世界ではいまだ多くの未解決な問題や未報告種が数多くある。分類学の主流が分子系統解析になろうとも、まだまだアマチュアの活躍する場がたくさんある。（浅井）

(76) ヒカゲシビレタケ

［学名］*Psilocybe argentipes*
担子菌門　ハラタケ目
モエギタケ科

日本特産の幻覚性きのこ（マジックマッシュルーム）

シビレタケ属のヒカゲシビレタケはマジックマッシュルームの一つであり、食べると幻覚や精神錯乱といった中枢神経系の中毒を引き起こす。かつてはこの類のきのこを保存目的に乾燥したもの（標本等）はドライフラワーと同じ扱いであった。ところが、国外から持ち込まれたもの（主にキュベンシス種 *P. cubensis*）を食べたことによる事故が相次ぎ、さらに外国種が簡単に栽培できることから、二〇〇二年に麻薬と同じ扱いになり、毒成分（シロシン、シロシビン）を含むきのこを保持することが禁止された。種を限定して禁止したものではないことから、菌類の分類研究には大きな障害となってしまっている。

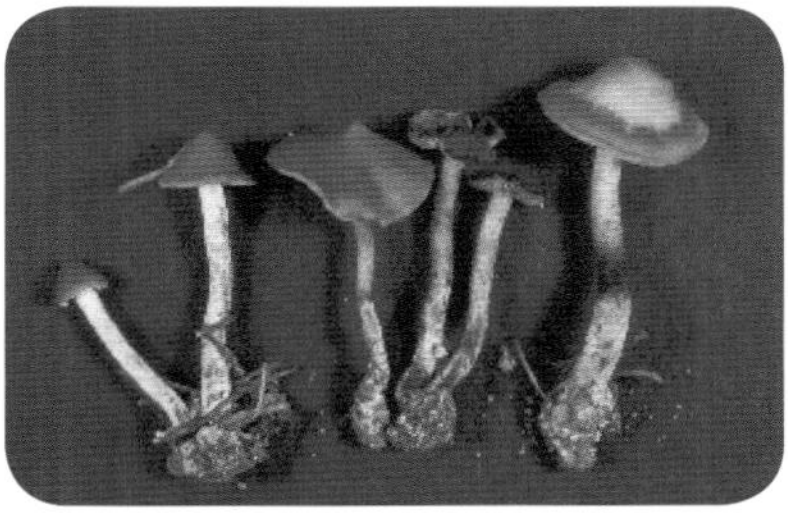
ヒカゲシビレタケ（撮影：横山和正）

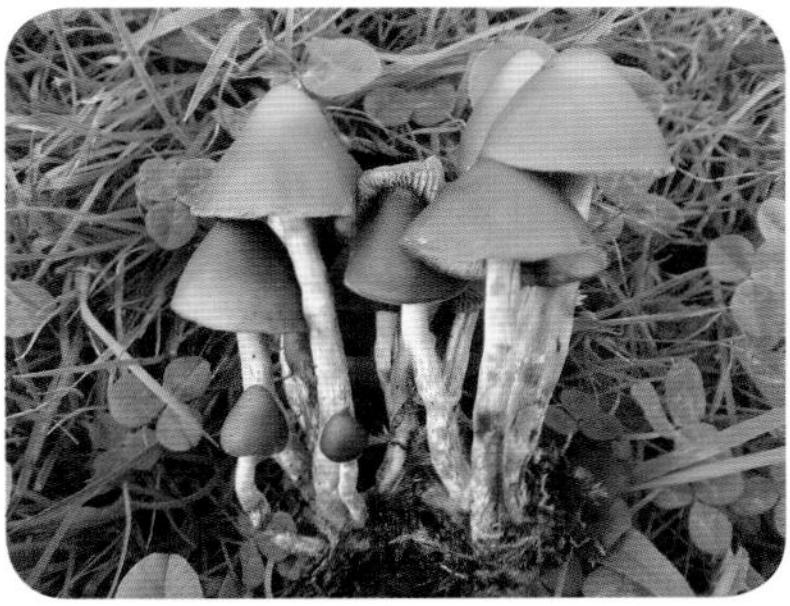
シビレタケ属のきのこ

　精神状態に影響を与える物質を含む植物（大麻やある種のサボテン）、動物（ガマガエルの分泌液）、菌類（ベニテングタケ〔No.3〕やシビレタケ属、ヒカゲタケ属のきのこ）を、宗教儀式や娯楽として用いる文化は世界各地にある。このうち、マジックマッシュルームを使用した例は、中米〜南米、アフリカ、マレーシア、ベニテングタケはロシア、中国、インド、韓国、カナダ、アメリカで判明している。使用し始めた時期は紀元前数千年前からといわれ、洞窟の壁画などにその証拠が残されている。日本にそのような習慣がなかったことは幸いであった。マジックマッシュルームは小さなきのこが多いため、見つけるのは難しいが、日本にも数種分布しており、本種やアイセンボンタケは日本の研究者（前者は横山、後者は本郷による）によって新種登録された。本種の特徴は柄の下部が白い繊維のような菌糸で覆われていることであり、種小名（しゅしょうめい）の *argentipes*（銀白色の柄）に反映されている。

　幻覚を起こす物質をきのこから取り出すには、動物実験が必要であるが、これは非常に難しいことから、初めて毒成分を取り出した研究者は自ら食べてみることで実験を行なった。評判の悪い毒成分であるが、精神状態をよくする薬にできないかといった研究が海外で進行中である。

（橋本）

77 クモタケ

[学名] *Purpureocillium atypicola*
子嚢菌門　ニクザキン目
オフィオコルディセプス科

小石川植物園が基準標本産地（タイプ・ローカリティ）、明治時代に初記録の冬虫夏草（とうちゅうかそう）

7月1日、梅雨の晴れ間を見つけ、この前後一週間にこのきのこを探している。薄紫色の粉状の胞子をまとった棍棒状のきのこである。きのこが朽ちて倒れると地面が薄紫色に染まるほどのたくさんの胞子を作る。一方きのこの下半分には胞子は無く、クモにつながっている。ただし、地面に巣穴を掘るクモである。しかも、出入り口に蓋があり、きのこはその蓋を開けて発生してくる。さて、掘り出してみよう。移植ごてできのこの根本を土ごと掘り返す。丁寧に土を取り除いてゆくと、まず筒状のクモの巣が現れる。巣を縦に裂くと中には、体全体が白い菌糸で被われたクモが現れる。そこから白い茎が伸び出して蓋をこじ開けている。伸びかけのきのこが少し蓋を開けている様は、外の様子をうかがっているようでちょっと可愛らしい。

餌食のクモは最初、ジグモと考えられていたが、後に、同じく土中に巣を作るキシノウエトタテグモであることが分かった。このクモは公園など開けたところに生息しているが、通常は蓋が閉じているため、探すのはかなり難しい。しかし発想を転換すると、クモタケを頼りにすればキシノウエトタテグモのおおよその分布が分かるともいえる。クモタケを「墓標」とした調査が専門家によって行われたことがある。

さて、クモタケの名前が最初に登場したのは安田篤（やすだあつし）博士により明治27（一八九四）年、その後の研究の結果、大正6（一九一七）年に同博士により新種記載された。その時の産地としてまず東京大学小石川植物園、続いて下谷（したや）、神田、赤坂が上げられている。その後も小石川植物園に発生することが後の菌学者にも確認されている。平成に入って、私も発生を確認した。植物園以外の産地の変貌ぶりははなはだしいが、大都会の公園の片隅に、梅雨になるとひっそりと発生しているかもしれない。（佐藤）

クモの巣の蓋を持ち上げて伸びているクモタケ

掘り出したクモタケ。蓋（矢印部分）が擦れた胞子で薄紫色になっている

(78) イネいもち病菌（びょうきん）

［学名］*Pyricularia oryzae*
子嚢菌門　マグナポルテ目
ピリキュラリア科

継続した研究が望まれる稲の重要病原菌

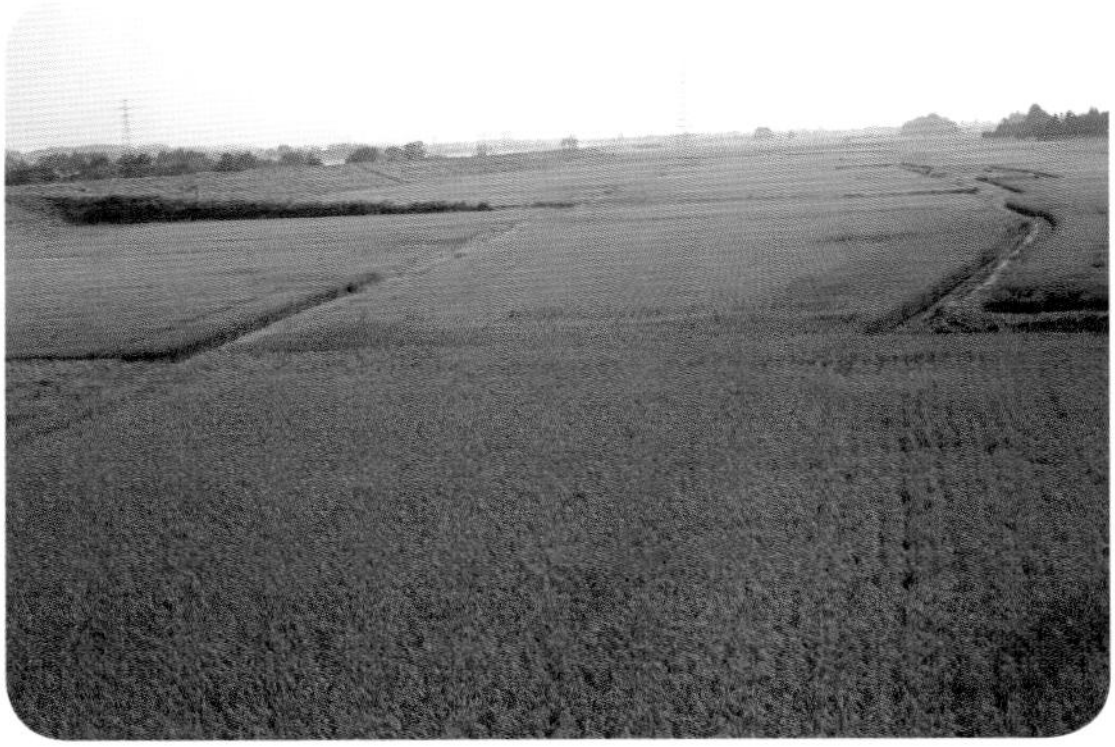
広域に発生した穂のいもち病。赤みを帯びて見える

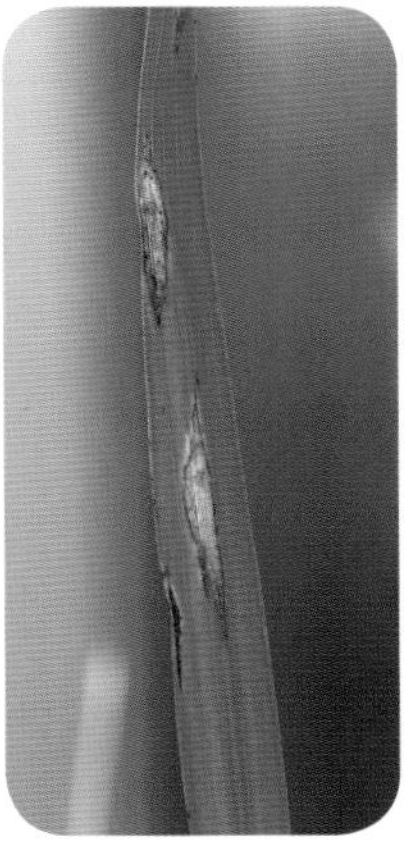
イネ葉身上の縦長紡錘形の病斑。1病斑に数万個の分生子を形成し、次の感染源となる

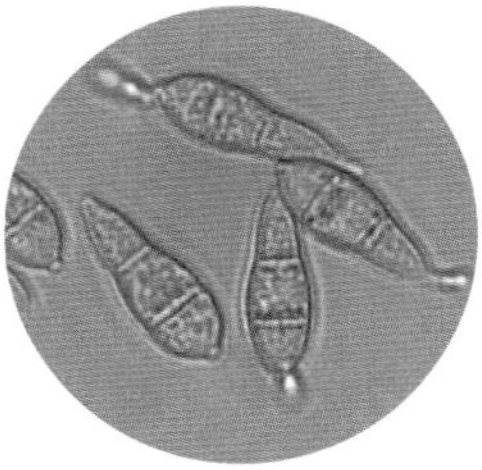
分生子は洋梨形で2個の隔壁を持つことが多い。発芽を開始したところ

イネいもち病菌は稲の最大の病害であるいもち病の病原菌である。わが国においてイネいもち病菌が明らかにされたのは明治の中頃になるが、いもち病は江戸時代初期の農業書に「いりもち」として記載されている。近年においても夏が冷涼で雨が多い年では多発生し、減収の主要因となる。

育苗箱に播かれたいもち病菌を保菌したイネ種子はいもち病の伝染源となる。分生子柄（ぶんせいしへい）の先端部に形成された分生子は、飛散しイネ葉に到達する。分生子は、露や雨滴など水分があれば発芽し、侵入に必要なドーム形の付着器を分化する。メラニン化した付着器は高い膨圧を生じて、侵入糸は直接イネ表皮細胞に貫入する。イネ組織内に菌糸が広がり病斑を形成すると再び分生子が形成される。分生子は周囲へ飛散し次の感染源となる。この感染サイクルは好適な気象条件下では約一週間とされ、イネ栽培期間に感染サイクルが多く回ると大発生となる。また、出穂後は籾や枝梗などに感染し、穂いもちを発生させる。穂いもちは直接収量の減少や食味の低下の原因となる。

農業上の重要性から病原、発生生態、抵抗性、防除など多様な分野の研究が長年なされてきた。近年、分子生物学的な研究の急速な展開を背景に、二〇〇二年にはイネとイネいもち病菌のゲノムが解読され、いもち病研究の宿主ー病原菌の双方の基盤が整備された。培養が容易で多様な遺伝形質を有し、実験的に交配可能ないもち病菌は、病原菌の感染のモデルとして稲作文化圏でない欧米の研究者にも大きな関心がもたれ、世界で最も研究される植物病原菌となった。（林）

(79) ホウキタケ（広義）

［学名］*Ramaria botrytis* の近縁種
担子菌門　ラッパタケ目
ラッパタケ科

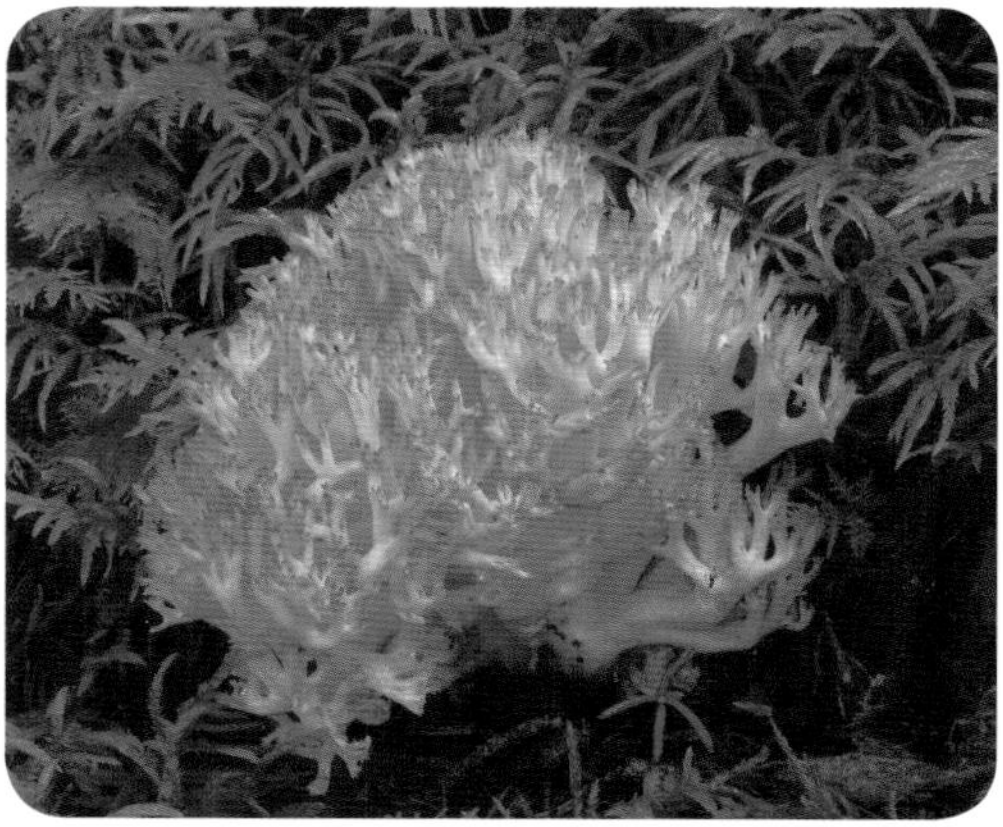

ホウキタケ。枝の先端が赤みを帯びる

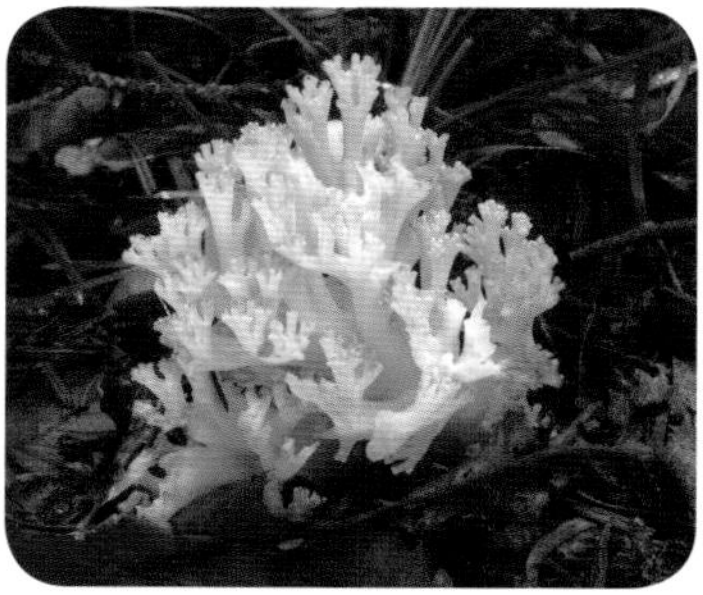

コホウキタケ（広義）。美しいが有毒

独特の形の優良食用菌 ただし、類似品には要注意！

夏の終わりから秋にかけて、里山の遊歩道や傾斜の緩やかな登山道を歩いてみると、変わった形のきのこに出合うことがある。枝分かれした珊瑚のような形のきのこを見つけたら、それはもしかするとホウキタケの仲間かもしれない。

ホウキタケ属菌の祖先は遠い昔にマツタケ（No.97）やシイタケ（No.50）の祖先と分かれて、このような姿に進化してきた。針葉樹のマツやモミ、広葉樹のコナラやミズナラなどと共生するものがよく知られており、森林の生態系を維持するために重要な役割を果たしていると考えられている。

このきのこの仲間には、ピンク・赤・オレンジ・黄・紫・青・白など、様々な色をしたものがあるが、食用とされるいわゆるホウキタケは、基部が太くて白く、枝の先端があずき色からくすんだピンク色をしていて、胞子の表面に縞模様があることで見分けることができる。しかし、日本でホウキタケと呼ばれているものは一種ではなく、よく似たものが複数種存在していることが、遺伝子を用いた研究から分かっている。そのため、種名を「広義」とした。いずれも食用になるが、味に優劣がある。

一方、注意を要する有毒のコホウキタケ（広義）は、枝の先端がピンク色をした点はホウキタケに似ているが、胞子の表面が縞模様ではない点で食用のものと区別できる。

他にも、全体が黄色の種類はまとめてキホウキタケあるいはコガネホウキタケなどと呼ばれ、また、全体が赤やピンクやオレンジ色をした種類はまとめてハナホウキタケなどと呼ばれているが、これらも一種ではないことが分かっている。これらの仲間には食中毒を引き起こすものが混在しているので、山中で出合っても食べようなどと思わず、姿を楽しむだけにとどめておくことをお勧めしたい。（安藤）

80 リゾムコール・プシルス

［学名］*Rhizomucor pusillus*
接合菌門　ケカビ目
ケカビ科

チーズ製造の革命、ムコールレンネットの生産

相性とでもいうのだろうか、学生時代以来30年弱、接合菌類のカビを相手に研究しているが、僕は未だこのカビに出合ったことがない。恩師の徳増先生は小さな瓶にマツの落葉を入れて微小生態系を作り高温で予備培養するとよく見られるとおっしゃった。畜産の菌類の大家、原先生によればサイロで発酵させた飼料などには常連メンバーだという。見かければ見落とすことはないと思うのだが、僕はこのカビに嫌われているのかもしれない。ということで、原記載論文からの改変図を用意した。*その名が示す通り、この菌は*Rhizopus*（クモノスカビ）属と*Mucor*（ケカビ）を足して二で割ったような姿をしている。ケカビにそっくりだが、仮根（rhizoid）と匍匐枝を生じるという点ではクモノスカビ属にも似ている。

では、なぜ、この菌が日本を代表する一種として選ばれたのか？ 古来、チーズを作るにはその都度、子山羊の命を奪う必要があった。乳の凝固に子山羊の第四胃から分泌されるレンニン（レンネット、かつてはキモシンとも）という酵素が必要とされたためだ。ところが、60年代に日本の有馬啓らにより*Rhizomucor pusillus*がこの代替酵素を作ることが発見された。現在では、遺伝子組み換えによりこのカビのレンニン生産遺伝子が大腸菌に組み込まれ、より効率的に酵素が生産されている。子山羊たちにとって命の「恩菌」だが、他方、本属の菌は50度を超える高温でも生育できる耐性を持つため真菌症の原因菌にもなる。生育の速いケカビ類が起こす病気は重篤なので要注意だ。分子系統解析の結果、本属は多系統群であることが判明し、*R. pusillus*を含めいくつかの高温性の種のみが狭義の*Rhizomucor*属と再定義されている。地球温暖化で（？）夏場の猛暑が厳しくなる昨今、遠からず*Rhizomucor*と出合える日が来ることを心待ちにしている。

（出川）

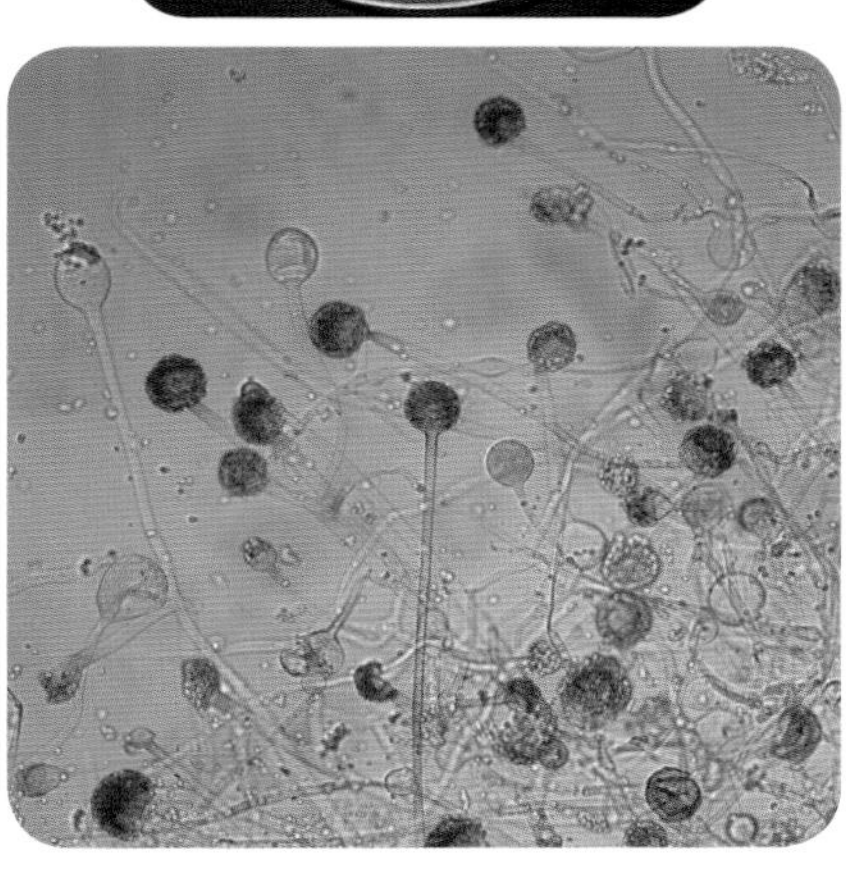

＊その後、念願が叶い、地元から持ち込まれたドライフルーツ上に猛発生していた本種に出合うことができたので、写真に差し替えた。

寒天平板上に分離培養したコロニー（上）と胞子嚢柄の顕微鏡写真（下）

81 ショウロ

［学名］*Rhizopogon roseolus*
担子菌門　イグチ目
ショウロ科

松露ご飯は、子供の頃に遊んだ海岸の松林の味

ショウロはマツの仲間と共生する外生菌根類で、手入れの行き届いたマツ林では豊富に発生する。マツ類が身近だった昭和の前半まで、若いマツ林でのきのこ狩りは子供の楽しみで、ショウロはその代表的な食用きのこだった。江戸末期の『菌譜』や『本草図譜』など代表的な菌類図鑑類にも、リアルな写生図が掲載されおり、食用として身近に利用されてきたことがうかがえる。

最近ショウロ属のきのこは注目を集めている。研究によれば、ショウロ属は子実体を形成したあと、地中に寿命の長い胞子を「埋土胞子」として残す。地中に残存した埋土胞子は、次世代の若い植物の苗に継続的に感染し、若い植物の苗の成長を外生菌根菌として助けるのだという。個体数が極端に少なく絶滅が危惧される日本のトガサワラ、五針葉のマツ類、世界的にも絶滅の危機に瀕しているマツの仲間の近くには、ときに固有のショウロの仲間が存在しその生育を助けているのだという。

ショウロ。下草が刈られてコケが見られるようなよく管理された若いマツ林に発生する

従来、胞子が成熟しても成熟した部分が露出しない担子菌類のきのこを腹菌類と呼んできた。本書で取り上げたオニフスベ〔No.16〕やホコリタケ〔No.51〕など、丸い姿をした仲間である。近年のDNA情報を基にした研究で、この腹菌類は様々な系統の寄せ集めであることが判明した。ショウロもイグチ類、特にアミタケ〔No.89〕に近縁であり、野生でも同様な環境に発生する。アミタケはイグチ類なので、ショウロの胞子もクリーム色～黄土褐色が、緑を帯びた褐色に成熟する。

佐賀県唐津市には松露饅頭という名物がある。虹の松原というクロマツの名勝海岸があり、そこにかつて豊富に産したショウロにちなむ菓子である。だが残念なことにこの饅頭は黒餡だ。ショウロを名乗るならば、胞子をあらわす餡は白餡であって欲しい。黒餡のままだと、黒い胞子を持つ毒菌ニセショウロ属のようである。

（吹春）

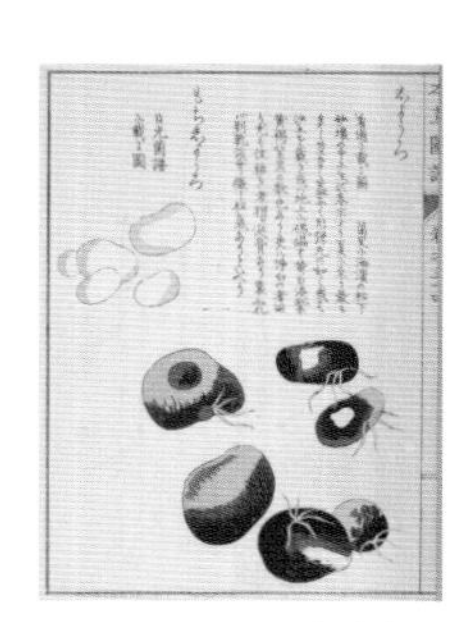

ショウロの図（岩崎常正著『本草図譜』1844年、本書は大正時代の復刻、千葉県立中央博物館蔵）

82 リゾプス・ストロニフェル

［学名］*Rhizopus stolonifer*
接合菌門　ケカビ目
クモノスカビ科

クワの落果上に群生する胞子嚢柄

ムクゲの落花上に生えた胞子嚢柄

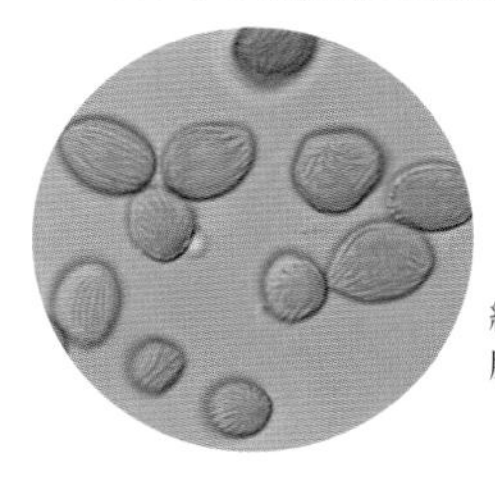
縞模様のある
胞子嚢胞子

日本に広く分布、大豆発酵食品テンペの生産も

日本の「国菌」の座こそコウジカビに奪われたものの、クモノスカビ属は、それに勝るとも劣らない発酵の立役者だ。日本の糀は粒状の「散麹」であるのに対し、中国など大陸の麹は「餅麹」等と呼ばれ餅や饅頭のような塊をなす。この乾かした固い塊の中にクモノスカビの胞子が入っており、これを砕き、崩して穀物と混ぜ、澱粉を糖化するスターターとして用いるのだ。クモノスカビは菌糸に隔壁を伴わないため菌糸成長が著しく速い。この速さが発酵に重宝され、日本でも古くに生理的性質に基づく緻密な分類学的研究が進められ多くの種が記載された。その後、70年代にオランダのSchipper女史が交配試験を導入して属全体を大胆に整理し、それまでの多くの種がわずかな種に統合されたのだが、近年の分子系統解析により古くに記載された種が復活した例もあり、今後、再検討が必要だ。

餅麹のほか、好温性種はインドネシアの伝統食テンペの生産にも用いられるのだが、一方で、屋内環境にも普遍的に生息し食品劣化の原因ともなる。夏場、台所の三角コーナーにうっかり置き忘れたモモやスイカの食べかすをあっという間に覆い尽くしたりする。Black bread mold という英名が示す通りパンに生えると胞子嚢でパンが真っ黒になるが、日本では「クロパンカビ」とは呼ばず匍匐菌糸を張り巡らす特徴から「蜘蛛の巣黴」と称される。ときに農作物やヒトに病気を起こすことも知られ、これらの病原性が詳しく調査された結果、細胞分裂阻害活性を持つ毒素生産が確認された。ところが、この毒素はクモノスカビの菌糸内に棲む別の細菌が作っていたことが判明し、菌類における内生細菌共生研究の先駆けとなった。本属菌は良かれ悪しかれ私たちの生活と深く関わりがある。

（出川）

83 ロドトルラ・トルロイデス

［学名］*Rhodotorula toruloides*
（［異名］*Rhodosporidium toruloides*）
担子菌門　スポリジオボルス目
スポリジオボルス科

日本の研究者により、世界に先駆けて担子菌であると実証された酵母

現在では担子菌類にも酵母が存在することが広く知られているが、約半世紀前までは酵母は子嚢胞子を作る酵母（現在の子嚢菌酵母）と無性胞子のみを作る酵母の二種類しか知られていなかった。そのような時代に、坂野勲博士は栄養要求株を用いて世界に先駆けて実験的に担子菌酵母の存在を証明した。この酵母が新属新種ロドスポリジウム・トルロイデスである。本酵母の野生株は短径2～3μm、長径5～10μmの楕円形で、培地上ではオレンジ色から濃いピンク色の平滑なコロニーを形成する。一倍体酵母細胞の交配により接合が起きると、濃いピンク色のコロニーに黒褐色の部分が現れる。この中には隔壁部にかすがい連結のある二核体菌糸と二倍体単核の厚壁休眠胞子としてのテリオスポア（冬胞子）が多数形成される。時間が経つと、黒褐色部分中に濃いピンク色の酵母部分が出現する。テリオスポアが発芽・減数分裂して前菌糸体（担子器と相同）を作り、その前菌糸体から頂生ないしは側生した小生子（担子胞子と相同）が発芽（出芽）して一倍体で交配型（A、a）の酵母時代となる。

その後、本酵母は交配型等の遺伝学的研究のみならず、フェニルアラニンアンモニアリアーゼ等酵素の産生や灰色かび病菌に対する拮抗作用などの研究にも用いられた。また油糧酵母としても有名で、脂質生産酵母のモデルとしての位置も確立しつつある。

他方、国際藻類・菌類・植物命名規約（メルボルン規約）により、多型的生活環を持つ高等菌類も二重命名法から統一命名法に変更することとなった。ロドスポリジウム属のタイプ種であるロドスポリジウム・トルロイデスとロドトルラ属のタイプ種（ロドトルラ・グルチヌス）は系統学的に比較的近い位置にあるため、現在は一つの属とみなされている。そのうえで、命名規約上の優先権から、本種の正名（学名）は二〇一五年にロドトルラ・トルロイデスとなった。（高島）

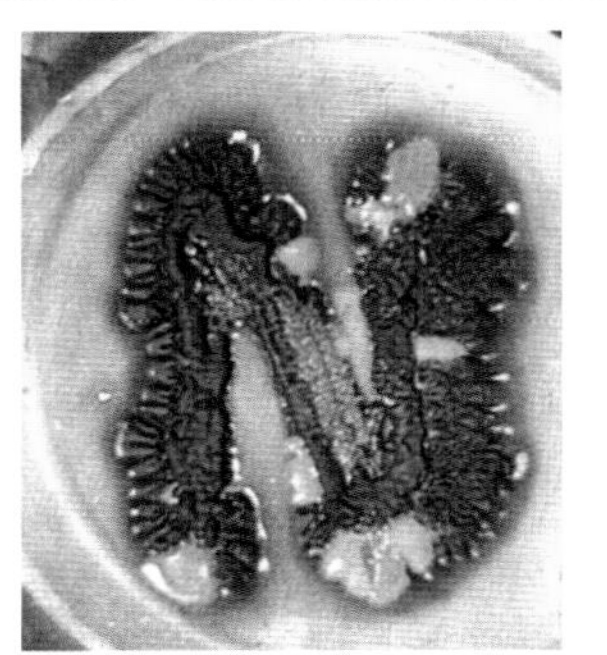

黒褐色部分にはテリオスポアが多く形成されている。濃いピンク部分はテリオスポアから発芽したコロニー

ロドトルラ・トルロイデスの生活環

（2図とも、Banno, I. Studies on the Sexuality of *Rhodotorula*. *J. Gen. Appl. Microbiol*. Vol. 13, 1967. より許可を得て転載）

＊本稿の作成にあたり貴重な助言を賜りました東京大学名誉教授、テクノスルガ・ラボ名誉学術顧問の杉山純多先生に心からお礼申し上げます。

(84) アカヤマドリ

［学名］*Leccinum extremiorientale*
担子菌門　イグチ目
イグチ科

不規則にひび割れた
ビッグな傘が目印

梅雨が明け、「いよいよ夏本番」とわくわくする頃に、アカマツやコナラ、クヌギなどが生えている雑木林を歩いてみると、遠目にもそれと分かる「赤い帽子」のようなイグチを見つけることができる。アカヤマドリだ。森の中での圧倒的な存在感、初めて目にした人ならば「こんな大きなきのこが存在するのか！」と驚くだろう。傘の色は独特の鈍い橙色で不規則にひび割れ、柄の表面は黄色の地色に「粒点」と呼ばれる傘と同色の「つぶつぶ」が散在する。大きさは30㎝を超えることも珍しくない。根元を掘り起こし手に取ってみるとずしりと重く、柄はまるで木材のように硬い。目的が食用であれ観察であれ、これだけの「大物感」を味わえるきのこにはなかなかお目にかかれない。

　アカヤマドリなどイグチの仲間の特徴は、傘の裏側がシイタケ（No.50）のような「ひだ」ではなく「管孔（かんこう）」と呼ばれる構造を持っていることだ。「管孔」はスポンジのように細かな穴がたくさん開いていて、内部の側面には「担子器（たんしき）」と呼ばれる胞子を作る細胞が無数に並んでいる。傘が大きく開き胞子を散布すると、子実体（しじつたい）（きのこ）はその役割を終え、自己消化により跡形もなく消えてしまう。大型のアカヤマドリであっても、そこに存在したことすら分からなくなってしまうのだ。

　アカヤマドリは食用として人気が高く、聞いた話によると変わった食べ方として、大きく成長したものを管孔を取り除いてからバターで焼き、メイプルシロップをかけて食するのだそうだ。

（種山）

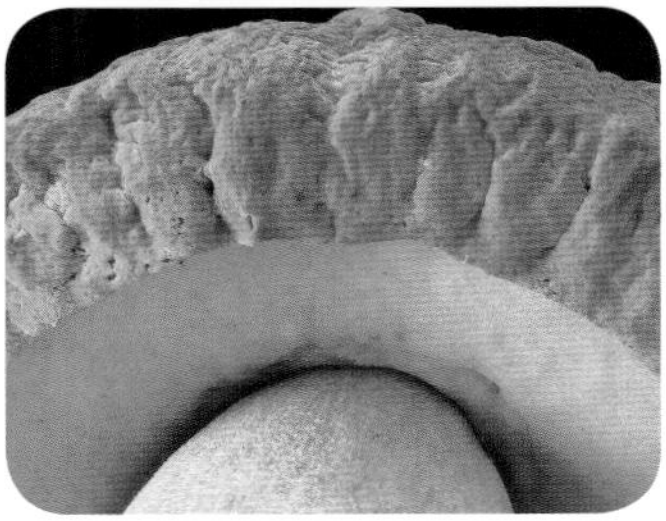

上：どっしりと存在感のあるアカヤマドリ
下：傘の裏側には細かい穴が開いている

85 ニセクロハツ

［学名］*Russula subnigricans*
担子菌門　ハラタケ目
ベニタケ科

ニセクロハツ

ニセクロハツ
（撮影：森本繁雄）

切断後1分　切断後54分

クロハツの仲間
（撮影：森本繁雄）

切断後0分　切断後60分

間違えてゴメンではすまされない猛毒菌

ニセクロハツを食べると、嘔吐や下痢といった消化器系の症状の後に、肩が凝ったとか、背中が痛いと訴えるようになる。そのうちに血尿（褐色の尿を指す言葉であり、必ずしも血が入っているわけではない）が出るようになり、縮瞳（しゅくどう）、言語障害、心臓衰弱を経て死に至るという致死率の高い中毒を起こす。

肩や背中の痛みは、きのこに含まれる毒（2-シクロプロペンカルボン酸）が横紋筋融解（おうもんきんゆうかい）（骨格筋と心筋の細胞を壊す）を起こして、筋肉が溶けたことによる。さらに、壊れた細胞の中身は血流に乗って腎臓に到達すると、その中のミオグロビン（筋肉が赤く見える原因となる色素タンパク質）が腎臓の機能を低下させてしまう。腎機能が障害されると、血中物質のろ過作用がうまく働かなくなり、褐色のミオグロビンが尿中に多量に排泄されたり（血尿）、体内で生成する排泄すべきものの濃度が高くなり、次第に脳に作用してしまう。この結果、言語障害等の中枢性の作用が現れることになる。骨格筋も心筋も壊れ、腎臓は働かなくなるという恐ろしい中毒を起こすのである。

和名の「偽」というのは、本家のクロハツ（以前は食菌とされた）があってのこと。クロハツは、暗褐色の傘が8〜15㎝、ひだは白く疎。傷をつけると、肉が白から赤、さらに黒へと変色する。一方ニセクロハツは、暗灰褐色の傘が5〜12㎝、ひだはクリーム色で疎。傷をつけると、肉が白から赤へと変色するものの、黒くはならず褐色じみたところで止まる。この色の変化の違いで見分けられるといわれる。しかし、ニセクロハツに似た種はたくさんあり、まだ名前がつけられていないため、見分けは非常に難しい。ニセクロハツは真夏の気温が30度を超える頃に、主にツブラジイの林（時にコナラの林）で見られることを覚えておくだけでも、間違えずにすむかもしれない。

（橋本）

⑧⑥ コウタケ

［学名］*Sarcodon aspratus*
担子菌門　イボタケ目
マツバハリタケ科

グロテスクな外観だが、和食によく合う美味しいきのこ

コウタケ（皮茸）はマツが混在する広葉樹林の地上に、秋に発生する大型のきのこであり、しばしば群生する。わが国固有のきのことされていたが、近年中国と韓国からもその分布が報告されている。傘と柄からなる漏斗形のきのこで、傘の中央が漏斗状に深く陥没し、傘の上面が桃色を帯びた淡褐色から濃褐色で、中央付近は角状に大きくささくれ立ち、傘の縁に向かってややささくれは小さくなるが、全面に形成される。きのこは乾くと黒褐色になる。また、傘の下面は全体的に淡灰白色から淡黄褐色であり、柄にかけて針状の突起が密に配列していることもこのきのこの特徴である。全体的に厳つい感のあるきのこであり、傘下面の針状突起の表面に作られる胞子も、淡褐色で、表面に突起があり、何となく厳つい。

コウタケに似た種として、わが国にはシシタケが分布する。シシタケは欧米に広く分布し、肉眼的特徴として傘中央部が陥没しない点においてコウタケとは区別されているが、顕微鏡的特徴が類似するために、両種を同じ種とする研究者もいる。近年のDNAを用いた分子系統解析の結果、コウタケとシシタケは別種とされている。しかし、両種の異同も含めて、日本産のコウタケとその仲間の分類については、今後の詳細な研究が待たれる。

分類の話はさておき、コウタケは見た目に反して、高級な食用きのこであり、ほろ苦く、しっかりとした食感は通にはたまらない。コウタケの発生シーズンになると、地方によっては、市場や道の駅等で、かなりの高値で販売される。天ぷらにしたり、乾燥すると醤油のような香りを放つため、炊き込みご飯や茶碗蒸しの具材として最適であり、さらに少々炙って日本酒に入れるのも一興である。

（前川）

広葉樹林の地上に発生する子実体（しじつたい）（きのこ）

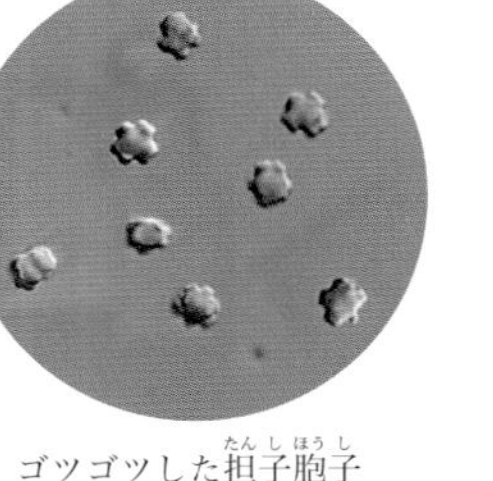

ゴツゴツした担子胞子（たんしほうし）

87 スエヒロタケ

［学名］*Schizophyllum commune*
担子菌門　ハラタケ目
スエヒロタケ科

スエヒロタケの子実体

スエヒロタケのひだ

世界に広く分布し、遺伝学の発展に貢献

このきのこは、背面あるいは傘の横で木材の基物に付着し、末端に向かって「末広がり」に広がる硬い肉質の子実体（しじつたい）を作る。和名はきのこの形に由来する。ひだをよく観察すると、これは真のひだではなく、個々に独立した子実層の縁（ふち）が隣り合ってできた「にせひだ」で、ひだの末端部が「裂けた」ような印象を与える。「切れた schizo」「ひだ phyllum」という属名はこの形態に由来する。

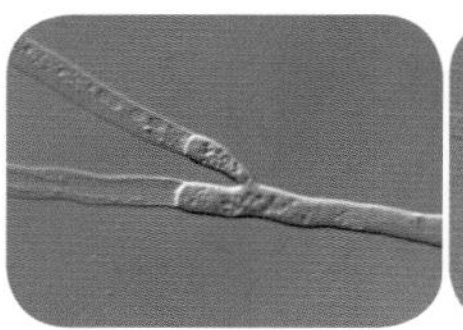

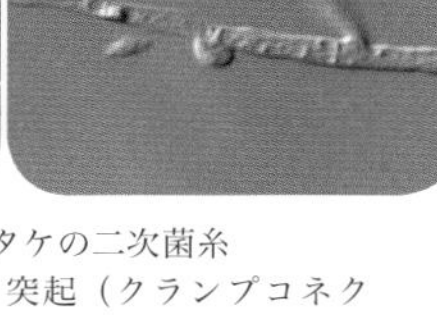

右：スエヒロタケの二次菌糸
菌糸の隔壁部分には、突起（クランプコネクション）があり、二次菌糸という。二次菌糸は一次菌糸どうしの交配によって形成され、1個の細胞に2個の核を含んでいる。クランプコネクションは、二次菌糸に特有の構造である

左：スエヒロタケの一次菌糸
菌糸の隔壁部分には、二次菌糸にあるような突起がない。1個の細胞に1個の核を含んでおり、これを一次菌糸という

スエヒロタケは、日本国内では沖縄から北海道まで広く分布し、四季を通じて観察されるが、世界的にも北欧から南米、アジアまで世界的な分布が知られている。非常に幅広い温度で生育し、特に高温（35度以上）での成長が著しい。また、培養もきわめて簡単で、生育が早く、培養下で子実体も形成する。そのため、担子菌（たんしきん）類を代表するモデル生物として有名で、ゲノムシークエンスも解読されている。日本でも、スエヒロタケを使用した遺伝学的研究が盛んに行われ、担子菌に特徴的な一次菌糸（細胞一個あたり一個の核を含む）・二次菌糸（一次菌糸が交配して、細胞一個あたり二個の核を含む）・交配の様式などの遺伝学的性質の研究や、子実体形成などの研究がなされた。

このきのこ、乾燥するとカチカチになるが、水分を含ませるとそれなりに柔らかくなる。そのため、東南アジアでは食べる国もあるが、お味の方はあまりお勧めできない。また、ヒトの体温を超えるような温度で生育できるということは、動物の病原菌にもなり得る可能性を示している。実際、スエヒロタケはヒトの肺炎の原因菌として知られているので、注意が必要である。

（細矢）

88 キツネノヤリ

キツネノヤリ

キツネノヤリと、しばしば同所的に発生するキツネノワン

［学名］*Scleromitrula shiraiana*
子嚢菌門　ビョウタケ目
トウヒキンカクキン科

桑の実に発生し、絶滅が危惧される日本固有種

子嚢菌類は、菌類最大の種数を含む門であるが、その大部分はカビか、カビのように微小なきのこを形成する種を含むグループである。そのような微小なきのこを多数含むのがビョウタケ目である。ビョウタケ目は、ツバキキンカクチャワンタケ〔No.18〕のように、春に出現することが多い。そして、春にクワの実の上に出現するのがキツネノワン（*Ciboria shiraiana*）と、本菌キツネノヤリ（*Scleromitrula shiraiana*）なのである。いずれも*shiraiana*という種小名を持つが、これは白井光太郎（東大初代植物病理学教室教授。日本の菌学の始祖的存在）に献名されたものだ。いずれも、クワの実の中で越冬して、春先にきのこを形成する。このうち、キツネノワンは、褐色で柄のついた茶碗形のきのこを形成するのに対し、キツネノヤリは、近い仲間でありながら、同系色で長い柄の上にしわが寄った、円筒形に類した奇妙な形のきのこをつくることから、形の面白さの点でも注意を惹く。この二種は、同じ季節に同じ基質から発生するため、同じところで見かけることも少なくない。しかし、実際に現場をよく観察してみると、出現時期には多少のずれがある。最初にキツネノワンが出現し、少し遅れてキツネノヤリが出現するのだ。では、この二種、共存しているのか、競争しているのか。近くにいながらも競争を巧みに避けているのか。菌類どうしの相互関係を考えてみたくなる菌である。

ところで、キノコの名前には「キツネ」がつくものが多い。キツネといえば、日本の民俗では超能力で人間を化かす動物である。そのような不思議な雰囲気を漂わせているのがきのこ、とりわけ子嚢菌類なのであろうか。

（細矢）

89 アミタケ

［学名］*Suillus bovinus*
担子菌門　イグチ目
ヌメリイグチ科

遠い昔の、白砂青松と里山の味

房総半島の南、千葉県勝浦市では、江戸の初期から続くという朝市が毎日開かれている。福島の原発事故の前までは、短いきのこの季節になると、地元で採れたきのこが刻々と種類を変えて並んだ。マツタケ〔No.97〕が採れない房総半島では、ブナ科の林に見られるバカマツタケ〔No.96〕やニセマツタケも目玉のひとつ。そしてアミタケも並んだ。

筆者が「房総のきのこ御三家」と呼ぶハツタケ〔No.48〕、アミタケ、ショウロ〔No.81〕。他県での評価は別にして、このマツの仲間と共生する外生菌根菌類である三種は、房総半島のきのこの中で食菌として別格に愛されてきた。

江戸時代の屏風絵や浮世絵、明治・大正の絵葉書を見ると、房総半島の身近な風景は、ほぼすべてマツ林に覆われている。現在の千葉の地に暮らした江戸の人々は、火力の強い炭が取れるマツを里山の樹木として選び、二次林の樹種として積極的にマツを残し植えた。江戸幕府が管理する土地へのマツ植林希望の嘆願書も残っている。マツを選んだもう一つの理由にマツ林がもたらすきのこ類があったという。豊富なマツ林に囲まれた数百年の環境が、県民の味覚を決定したに違いない。

アミタケはひだが網状で加熱するとほんのり赤紫色となる点で、他のイグチ類と区別できる。傘に滑りがあることも、ナメコ〔No.67〕やハナイグチ〔No.90〕を愛する日本人の味覚に合っており、味噌汁などの汁物に向く食材である。房総半島では、五月初旬から十一月下旬まで発生し、下草刈りされたような比較的手入れのよい若いクロマツ林やアカマツ林に発生する。

日本人の暮らしが変わり各地で里山が管理されなくなり、また酸性降下物などの影響で日本各地の平地から健康なマツ林が見られなくなった。また白砂青松と呼ばれるような自然な海岸線を象徴するマツも、開発などにより消え去りつつある。アミタケは日本の代表的食菌であったが、現在では稀少な食用きのこの一つとなってしまった。（吹春）

下草が刈られてコケが見られるようなよく管理された若いマツ林に発生する

朝市に並ぶアミタケ。同じ環境に生えるハツタケなどと1パック500円で売られていた

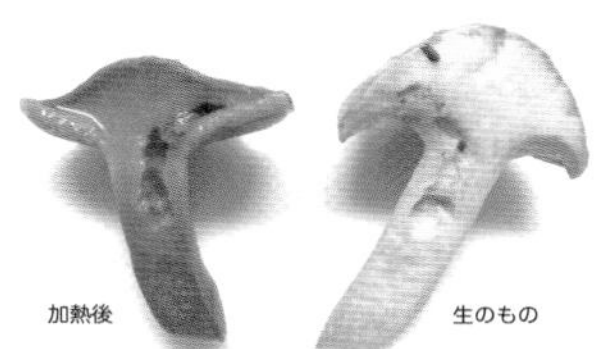

アミタケは加熱すると赤紫色になるのが特徴

90 ハナイグチ

［学名］*Suillus grevillei*
担子菌門　イグチ目
ヌメリイグチ科

滑りと独特の食感が好まれるハナイグチ

ハナイグチが多く発生する信州のカラマツ林

カラマツ林を代表する優良食用菌

夏の終わりから秋、信州ではカラマツ林の中に消えてゆく人が明らかに多くなる。お目当てはハナイグチである。ハナイグチは信州ではリコボウやジコボウなどと呼ばれ食用として愛されているきのこだ。カラマツ林が多い東北や北海道でも好まれているらしい。ナメコ〔No.67〕のような滑りと歯ごたえがよいことに加え、独特の甘い香りが食の魅力を増している。他のヌメリイグチ属と同様、ハネカクシ類昆虫の餌になることもあるが、状態のよい子実体（きのこ）を採取することがそれほど難しくないのも嬉しい。

本菌が属するヌメリイグチ属は主にマツ科植物と共生する菌根菌として知られている。なかでもハナイグチの宿主特異性は非常に高く、カラマツ属だけを宿主とする。日本に天然分布するカラマツ属はカラマツのみだから、この菌と出合うにはカラマツの生育地に足を運ぶ必要がある。カラマツの天然分布域は本州中央部の比較的標高の高い地域に限定されているが、第二次大戦後の林業政策により北海道、岩手、長野で盛んに造林された。カラマツと共生するヌメリイグチ属は国内では六種知られるが、カラマツ人工林においてはハナイグチの生産量が最も高く、身近なキノコの一つになっている。ちなみに、北海道の造林の際に用いられた種苗は主に長野県産だったというので、北海道のハナイグチは長野から持ち込まれた可能性が高い。

本種は世界的にカラマツ属の分布する地域で広く分布が確認されているが、近年の分子系統学的解析から日本産は北米産と近縁で、欧州産とは系統が異なることが明らかにされている。これに対し、欧州に分布するヨーロッパカラマツと日本のカラマツは分子系統学的には近縁といわれている。では日本のハナイグチはいつどこからやってきたのか？　ついつい本菌の持つ生物地理学的興味の方に気が行ってしまう。

（広瀬）

91 サクラ天狗巣病菌

［学名］*Taphrina wiesneri*
子嚢菌門　タフリナ目
タフリナ科

いっせいに開花したサクラの中に展葉した枝の塊が出現

春の景色といわれて、真っ先に満開のサクラの木を思い浮かべる人は大勢いるだろう。ソメイヨシノをはじめとするポピュラーな品種は、葉が展開する前に花芽が展開し、樹冠全体がピンクの花で覆い尽くされ、見事な景色を生み出してくれる。川沿いの土手や神社の参道、お城の堀沿いに植えられたサクラ並木は何と見事なことか。春の訪れを毎年感じさせてくれる大切な風景である。

そんなサクラをよく見てみると、所々に緑の塊が。近寄ってみるとそこは枝が局部的に多数分岐し、箒のようになっている。大きさは1mを超えることもある。その箒のようになった枝からは花は一切咲かず、いきなり葉がたくさん展開している。これは菌類の一種、タフリナ・ウィースネリによって引き起こされたサクラ天狗巣病だ。枝や茎が異常に分岐し箒のようになった症状（病徴）を一般的に天狗巣と呼ぶ。英語ではwitch's broom（魔女の箒）と呼ばれており、東洋でも西洋でも、樹木に起きた神秘的な、不思議な現象と感じられたのだろう。

天狗巣症状を示す枝から春先に出てきた葉は、正常な葉に比べて小さくいじけたような形になっている。それぞれの葉の裏側は、銀色に輝いている。これは葉裏一面に棍棒状の子嚢が形成されているためだ。子嚢中には初め八個の子嚢胞子が入っているが、すぐに分裂して多数の胞子で満たされる。培養すると酵母状になり薄いピンク色のコロニーを形成する。

（山岡）

◀▲天狗巣病の症状が見られるサクラの枝

葉の裏面

(92) オオシロアリタケ

［学名］*Termitomyces eurrhizus*
担子菌門　ハラタケ目
シメジ科

オオシロアリタケ

菌園から発生したオオシロアリタケ（撮影：種山裕一）

地下巣内の菌園

沖縄産、日本で唯一 シロアリが栽培する美味きのこ

巣の周りから集めた植物で菌糸に栄養を与え、菌糸により分解された成分と菌糸隗（きんしかい）を収穫して餌にする。まさにきのこを栽培する、タイワンシロアリが沖縄に生息する。彼らの栽培する菌類は最近の研究では二種類といわれており、そのうちの一種が子実体（しじつたい）を形成するオオシロアリタケである。他の一種の子実体は未だ確認されていない。子実体は土壌中の空洞に作られた菌園から地上へ発生する。沖縄本島、石垣島、西表島で観察されている。気温、湿度ともに高い7月から8月に発生するため、地上に現れたきのこはほぼ一日でバクテリアや小動物の餌となり、発生したてのきのこを見ることは難しい。それでも食用野生きのこに乏しい沖縄では、一時期に大量発生するオオシロアリタケは、琉球王朝の頃から珍味として大切にされてきた。

きのこを栽培するシロアリはアフリカやアジアに約250種分布し、栽培される菌類は40種といわれている。カースト制に従い、職アリが巣外で植物を集め、未消化の植物を菌園上部に積み上げていく。職アリは菌園の下部分を餌とする。菌園はスポンジ状で無数の通気孔が開いている。この上部に発生する直径2～3㎜ほどの菌糸隗を刈り取り、幼虫の餌とする。

それにしても、このきのことシロアリの関係には分からない点が多すぎ、解決の手段も限られている。その理由は、第一にきのこが発生してから菌園の位置が分かること、第二に地上に出たきのこが短命であること（沖縄では一日ナバ〈きのこ〉と呼ばれる）、第三に沖縄本島の限られた地域と離島にしか発生せず、常時観察が難しいこと、第四に菌園を巣外に出すとシロアリは死んでしまい、耕作放棄されること、第五に子実体の人工栽培が未だできていないことである。

非常に難解な南海のきのこである。（寺嶋）

93 カワラタケ

［学名］*Trametes versicolor*
担子菌門　タマチョレイタケ目
タマチョレイタケ科

世界に広く分布、免疫賦活活性による抗癌剤のはしり

カワラタケは日本全国に分布する一般的なきのこである。

きのこといっても、いわゆるサルノコシカケの仲間で、薄く、硬いきのこである。表面はいろいろな色を呈するが、多くの場合は黒色で、子実体が多数集合、折り重なって広い範囲で倒木を覆うさまは、まさに瓦を想像させる。日本中ばかりか世界中にも広く分布し、森林の落木に普通に見ることができる。

カワラタケは培養が容易で、人工的な培地でも容易に生やすことができる。そして、多くのきのこと同様に、多糖類を生産する。この多糖類（正確には多糖類がタンパク質と結合しているので多糖タンパク質）には、抗腫瘍作用があるとして、薬として販売されていた。残念ながら、その後、この薬には単独では抗腫瘍作用はないことが示されたが、漢方薬的な意味合いで、現在でも医療現場で用いられている。

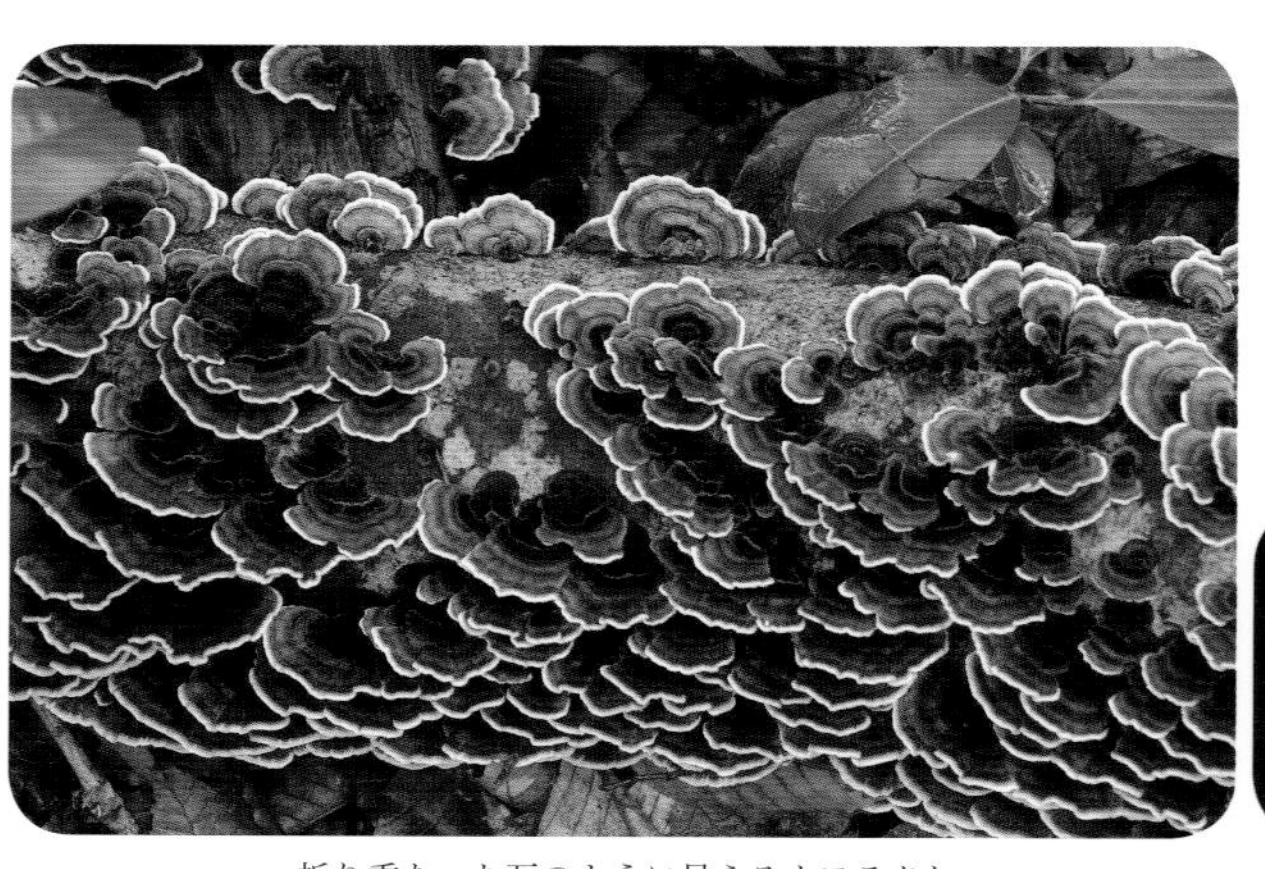
折り重なった瓦のように見えるカワラタケ

白色腐朽した材木の断面

ところで、このカワラタケが生えた材を割ってみると、木材の色が白くなっていることに気づく。また、材は柔らかく、壊れやすくなっている。カワラタケが木材の成分を分解し、自分の栄養にした結果だ。木材の主成分はセルロースとリグニンという物質だ。大雑把にいうと、セルロースの色は白く、リグニンは黒い。したがって、リグニンを分解すれば、木材は白く見えるようになる。このようにして木材を分解して腐らせる菌のことを白色腐朽菌という。リグニン分解性やセルロース分解性は、系統的に安定しており、かなり重要な性質と考えられている。例えば、ツリガネタケ〔No.32〕やスエヒロタケ〔No.87〕も白色腐朽菌である。

（細矢）

94 カエンタケ

珊瑚状に発生したカエンタケ

南方熊楠によるカエンタケと思われる図（写真提供：国立科学博物館）

［学名］*Trichoderma cornu-damae*
子嚢菌門　ヒポクレア目
ボタンタケ科

食べれば火炎（ヤケド）の苦しみ？

カエンタケは強い毒性を持ちながら、20世紀のきのこ図鑑では記述もほとんどない、あまり解明されていないマイナーなきのこであった。所属は近年他のツノタケ属やボタンタケ属のきのことともに同じ系統のカビの属に統一された。

カエンタケは正しく恐れるべききのこ、というべきだろう。カエンタケの毒性成分は大環状トリコテセン類として明らかにされており、高い致死毒性を持つ。食用が厳禁なのはもちろんだが、この成分の特徴は脂溶性があるとされ、やけど様の症状を起こすという。これが素手で触るべきでないとされる根拠である。幸い今日まで触っただけでの事故報告はないが、断面を含めやはりむやみに触るべきではないだろう。

カエンタケの発生は、筆者の経験からも関西地方では二〇〇〇年以降に急増した。カシノナガキクイムシとラファエレラ属のカビによるナラ枯れ病で枯れたナラ属の木の周りに各地で発生が見られたのである。ではカエンタケは外来種のように突然現れたのだろうか。そんなことはなく、標本としては一九四〇～五〇年代のものもある。さらに古くは川村（かわむら）清一（せいいち）氏や、南方熊楠（みなかたくまぐす）もカエンタケと思われるきのこを採集し不明な菌として描いている。低頻度ではあっても各地の原生的な林で発生していたようだ。戦前には里山など身近な森林は薪や材として伐採され、大径木の枯れ木などが放置されることはなかっただろう。しかし、近年は里山の放棄とナラ枯れにより、身近な場所に大径木の枯れ木が大量に発生したことによりカエンタケがよく見られるようになった結果ではないかと考えている。

実は江戸時代のいくつかの菌譜には「火焔茸大毒有」と書かれた珊瑚状の不明なきのこが描かれている。植物学に比べ本草学の菌類に関する知識の多くは不十分であり、あまり近代菌学に取り入れられていない。明治の菌学者たちがどのように知識を整理していたのか、再検討してみることも必要だろう。

（佐久間）

95 トリコデルマ・ハルツィアヌム

［学名］*Trichoderma harzianum*
子嚢菌門　ニクザキン目
ニクザキン科

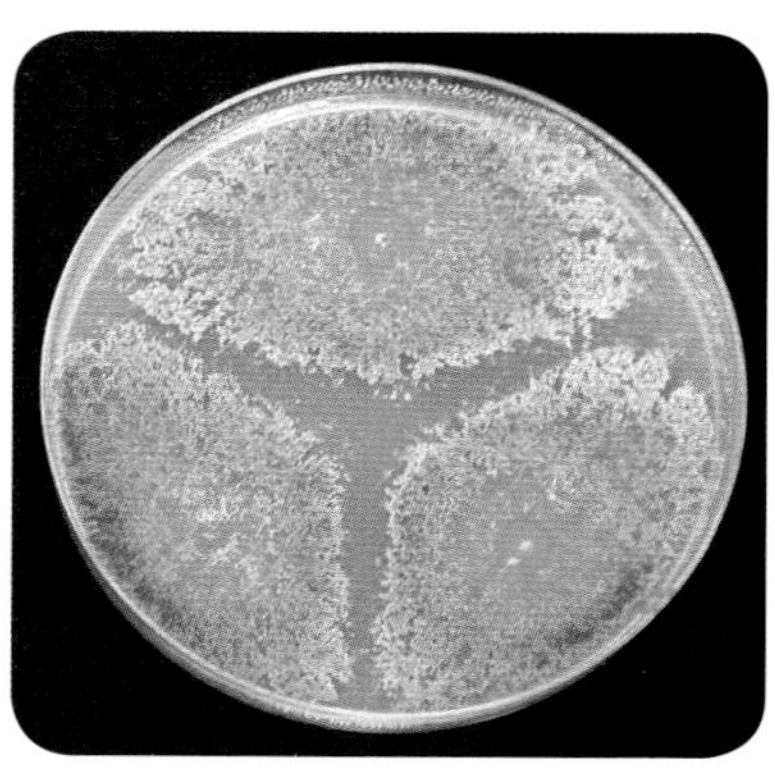

オートミール寒天7日培養

広義のトリコデルマ・ハルツィアヌム（おそらくトリコデルマ・アフロハルツィアヌムまたはトリコデルマ・グイヂョウエンゼ）

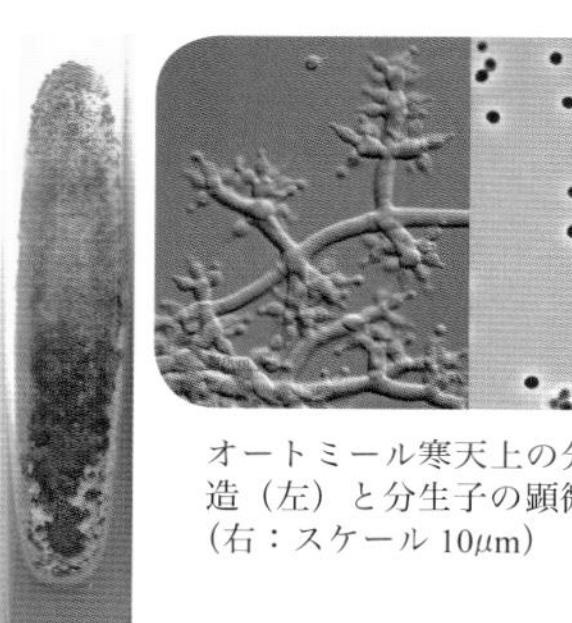

オートミール寒天上の分生子構造（左）と分生子の顕微鏡写真（右：スケール 10μm）

麦芽エキス寒天14日培養。特徴的な赤褐色色素をつくっているスラント（試験管）

シイタケ栽培の強敵だが、酵素の工業生産にも貢献

一般的にトリコデルマ属は見誤ることはない。生育が早く数日でシャーレ全体に薄い菌糸が広がり同心円状にあるいはシャーレの縁に痘痕のように緑色の分生子帯（ぶんせいし）が形成される。しかし種の同定というと並大抵にはいかない。

トリコデルマ・ハルツィアヌムは一九六九年にM・A・リファイが創設した。彼は混乱していた本属の分類を整理した貢献者であるが、彼の本種の記載は「分生子柄は規則的に直角に分岐し、フィアライドはアンプル形から細長く、分生子は平滑で亜球形」というもので描画も簡単であり、ヒラタケ〔No.72〕ほか栽培きのこへの強い病害菌トリコデルマ・アグレッシヴムやトリコデルマ・プレウロティコーラ、イソニトリル抗生物質生産菌のトリコデルマ・アトロヴィリデなども本種に似ている。

悪いことにリファイのタイプ由来株は失われており、一九九八年に英国のシェフィールド植物園（基準標本産地（タイプ・ローカリティ））の土壌から分離された原記載通りの標本がネオタイプに指定された。本種が「汎世界種」で、シイタケ栽培の害菌ではあるものの、農作物のバイオコントロールにも使われ、キチン分解酵素生産菌としても知られる経済的に重要な種であることから、その種名を残すという意図があったためである。

だがつい最近、形態に加えて伸長因子（TEF 1α）を含む分子系統解析と地理的要素に生態的特徴が加味されて14種に細分された。これによると狭義のトリコデルマ・ハルツィアヌムはヨーロッパと北米の熱帯にほとんどが分布する、主として内生菌で稀な種である。またバイオコントロールに使われている菌株は、トリコデルマ・アフロハルツィアヌムあるいはトリコデルマ・グイヂョウエンゼであり、この二種のみが汎世界種だという。この論文に登場する日本産の菌株は三株しかないが、やはりこの二種のどちらかとされている。

（奥田）

(96) バカマツタケ

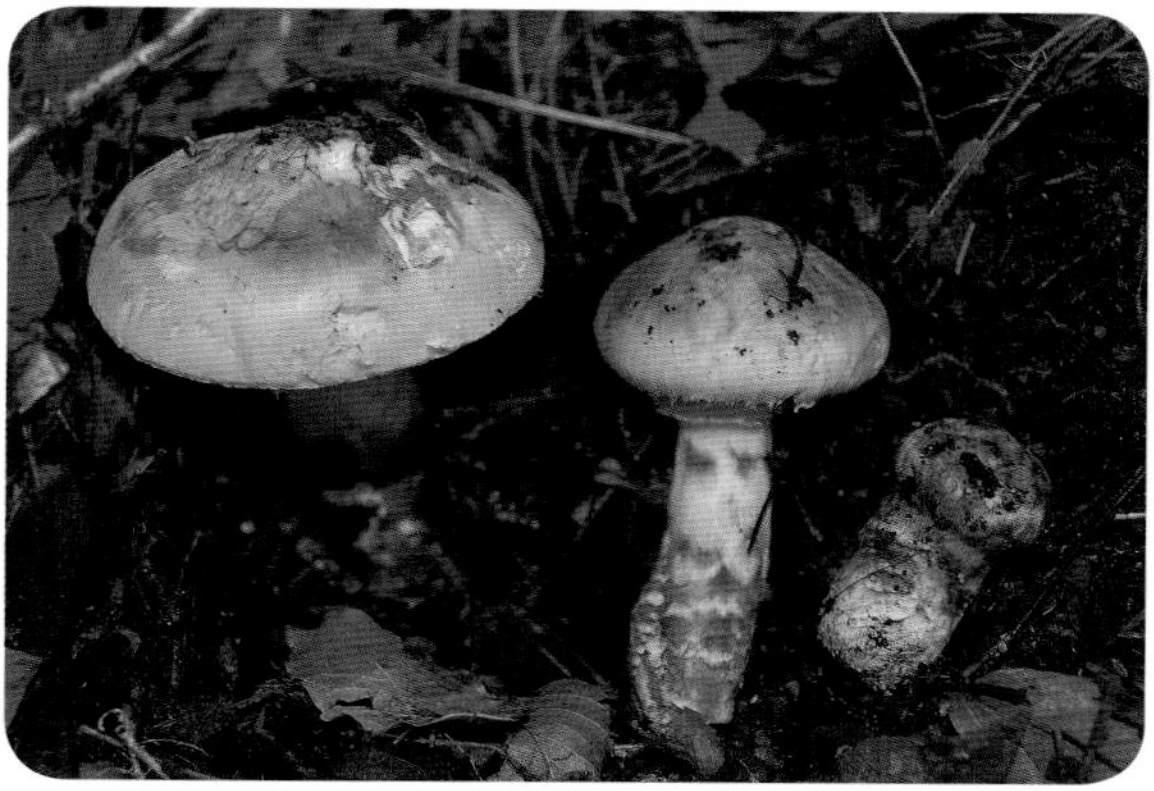

バカマツタケ。マツタケとの違いが分かるだろうか？

［学名］*Tricholoma bakamatsutake*
担子菌門　ハラタケ目
キシメジ科

うっかり間違えて雑木林に出てしまった「マツタケ」？

バカマツタケの名に違和感を覚える方もおられるだろうが、筆者は実に微笑ましい名だと思う。「バカ」は勿論「馬鹿」だが、東日本にある別の用法、英語のveryに相当する副詞たる「ばか」の方言のもとに生まれた「馬鹿松茸」だからである。バカマツタケは、「ばかいい香りがある」、「松茸にばか似ている」、「ばか美味しい」きのこといえよう。近畿地方の呼称であるニタリ（似たり）も捨てがたい。

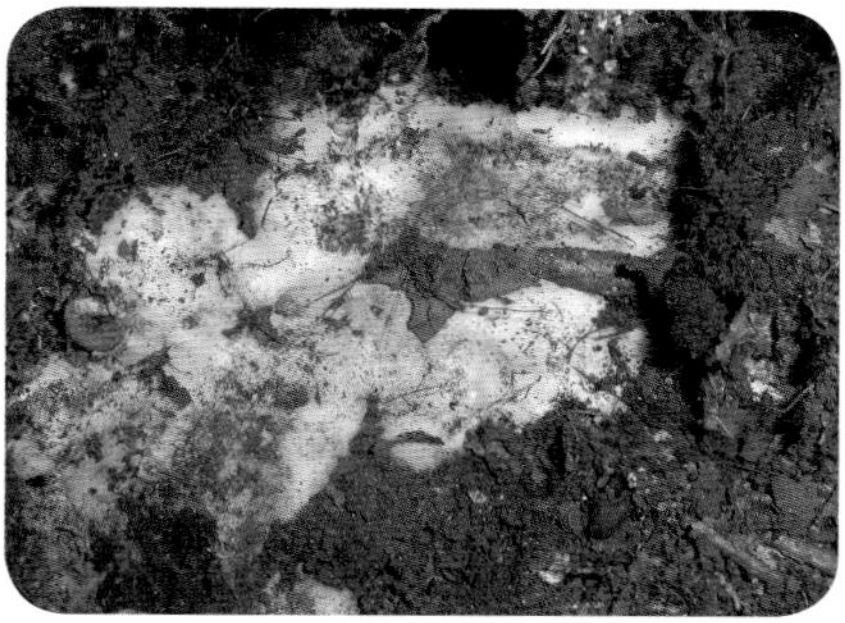

バカマツタケのシロの表面はふわっとしている

筆者がバカマツタケを最初に意識したのは、友人が夏休みにクワガタ捕りに出かけた雑木林でマツタケ（No.97）みたいなきのこが生えていたと話してくれた、小学四年生の頃である。その周辺では、その後幾度となく探したが結局見つけられなかった。時が過ぎて大学生二年目、生物調査のバイトで後期の必修講義を立て続けに休み、その事情説明にと担当教員の元までバカマツタケを持参した。これは今でも「あの時の…」と笑顔で話してもらえるので、どれだけ役に立ったことか。

バカマツタケは雑木林でも、尾根筋や岩質で土壌が浅い林床で、落葉の少しだけ積もった場所に生息する。梅雨後半の蒸し暑い時期から秋まで、発生時期は比較的長いと思う。マツタケに比べて小ぶりで身が柔らかいので、軽い感じがする。これは、両者を同時に手にとって比べてもらえばよく分かる。何度も見比べると、表面の色調や質感でも区別できるようになる。バカマツタケのやや古くなり腐ちかけてきた子実体（しじつたい）（きのこ）では、ひだが時々淡い紫色を呈している。また、頭を出した子実体の周囲の落葉を剥ぎ取ると、白色のシロ（菌糸の塊）の広がりを確認できる。時に表面が黄褐色から茶褐色になっているが、これは厚壁胞子が形成されたものである。（山田）

97 マツタケ

［学名］*Tricholoma matsutake*
担子菌門　ハラタケ目
キシメジ科

自然林ではツガの樹下にも発生

マツタケのシロには
シャクジョウソウが
寄生することもある

食用菌の王、菌根菌研究でも世界をリード？

マツタケはなぜここまで人を惹きつけるのか？　一度その収穫や食文化を体験すると、多くの人にとって忘れられない記憶となるように思う。マツタケはアカマツ林の尾根筋など、比較的すっきりとした林床環境で遠くまで眺めが利くような場所に、しかも大ぶりで立派な形の子実体（きのこ）を発生させる。それもしばしば列をなして。そして、ヒノキや針葉樹のヤニともやや共通するような独特のすっきりとした香気とともに、ほのかにきのこの匂いも混じる。マツタケ料理は、この絶妙な香りをどう演出するかと、引き締まった身の歯ごたえをどう堪能してもらうかにかかっていると思う。

マツタケの菌糸はアカマツの細根と「菌根」と呼ばれる共生体を形成して、養分等をやりとりしている。筆者は、この菌根を相手にすることが多く、マツタケのシロ（菌糸の塊）を掘り出して匂いを嗅ぐことも日常的である。マツタケのシロの匂いは独特で、子実体のような強いものではなく、鼻を地面に近づけてクンクン嗅ぐと大体分かるくらいである。実験的に培養装置の中で菌根やシロを形成させると、やはり同じ匂いがする。トリュフ犬をヒントにマツタケ犬を養成し、シロの場所や数を把握できれば、筆者の仕事は楽になると思う（犬に仕事を奪われる！）。

マツタケの人工栽培を何とか成功させたい人、成功は永遠の夢であって欲しいと願う人。筆者は一応前者だが、その中でも、菌根やシロを作り出したい人と菌床栽培でもっと自在に操りたい人に分かれよう。人工栽培研究は、歴史も長く無数の叡智が集約されていると思われるかもしれないが、依然として研究者側の知見が全く足りないのではないかと切に感じている。マツタケと寝食をともにするくらいの覚悟（興味、欲、時間）がないと、先はまだまだ長いのではないだろうか。

（山田）

(98) ハエトリシメジ

［学名］*Tricholoma muscarium*
担子菌門　ハラタケ目
キシメジ科

ハエも中毒するきのこ

ハエトリシメジは、秋にコナラやクヌギなどの雑木林に発生する菌根性きのこである。傘は、初め円錐形から、平らに開き、大きさは径5㎝程度になる。傘の地色は淡い黄色で、その上に放射状に走る暗い緑色の繊維で覆われる。傘が開いても中央部が尖っているのがこのきのこの大きな特徴である。

このハエトリシメジを火で炙ったり、水で煮た後の煮汁に砂糖を加えるなどして、皿の上などに静置すると、ハエが誘引されることが知られている。誘引されたハエはきのこや煮汁をなめると、中毒を起こして死んでしまう。「ハエトリ」という名は、東北地方では、農家が実際にこのようにして、ハエを捕るのに利用したことに由来する。ちなみに、テングタケ〔No.4〕なども同様にハエを誘引、捕殺できることが知られ、地方によって「ハエトリタケ」と呼ばれることもある。

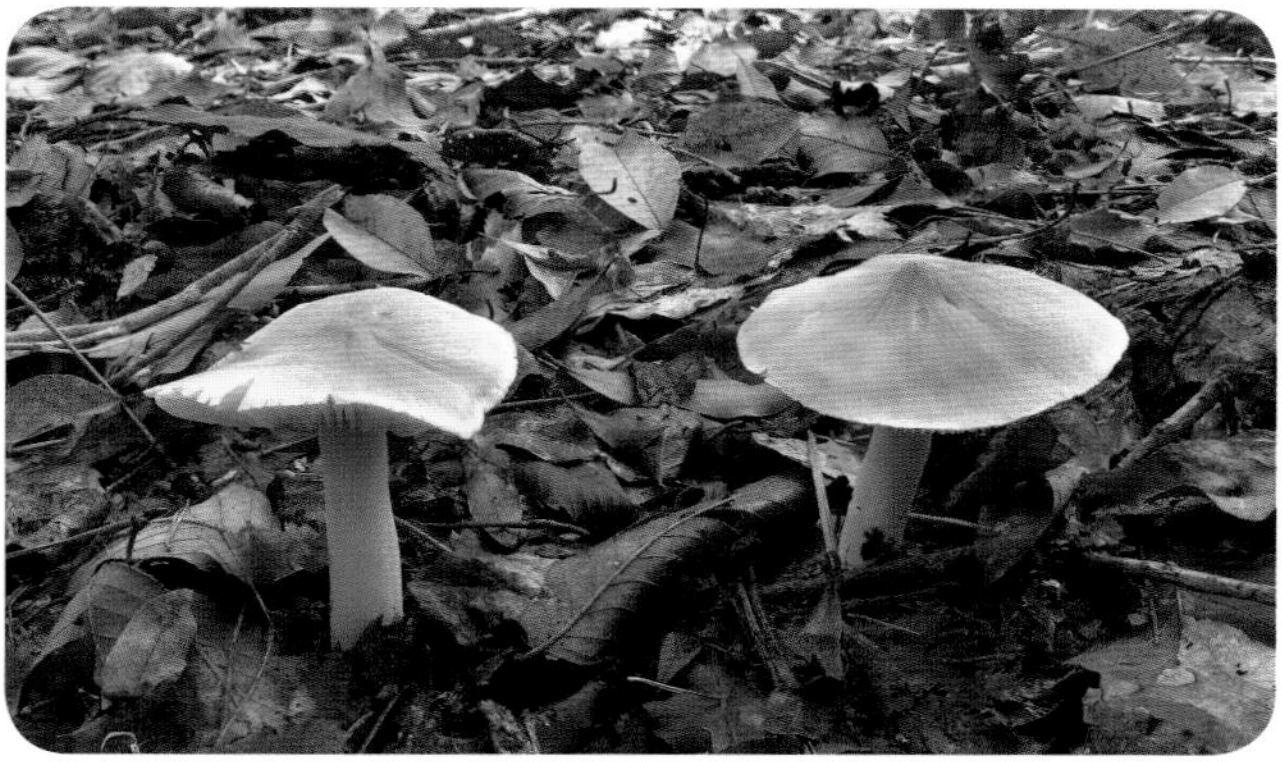

雑木林の林地に発生するハエトリシメジ（撮影：谷口雅仁）

ハエトリシメジに含まれる殺虫成分はトリコロミン酸と呼ばれるアミノ酸の一種である。その構造はグルタミン酸と似ており、旨味を感じる物質である。このためか、ハエトリシメジは人間にとっては美味しいきのこである。しかし、大量に摂取すると、中毒することも知られている。実はハエトリシメジには毒物質、イボテン酸（これもグルタミン酸に似た構造を持つアミノ酸である）が含まれることも分かっており、注意が必要である。

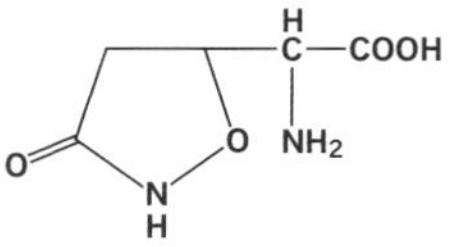

トリコロミン酸は旨味はあるが調味料として実用化されていない

いずれにせよ、きのこをハエ捕り剤として利用する試みは、きのこと人間の関わりの中で大変ユニークなものである。きのこの食毒の判別は長年の先人たちの貴重な経験に基づくものである。同様に、きのこに寄ってくるハエが、きのこの種類によっては中毒して、死んでしまうことを最初に見つけ、それをハエ捕り剤として利用しようと考えた人の観察眼と着想は驚嘆に値する。（小林）

(99) カキシメジ

［学名］*Tricholoma ustale*
担子菌門　ハラタケ目
キシメジ科

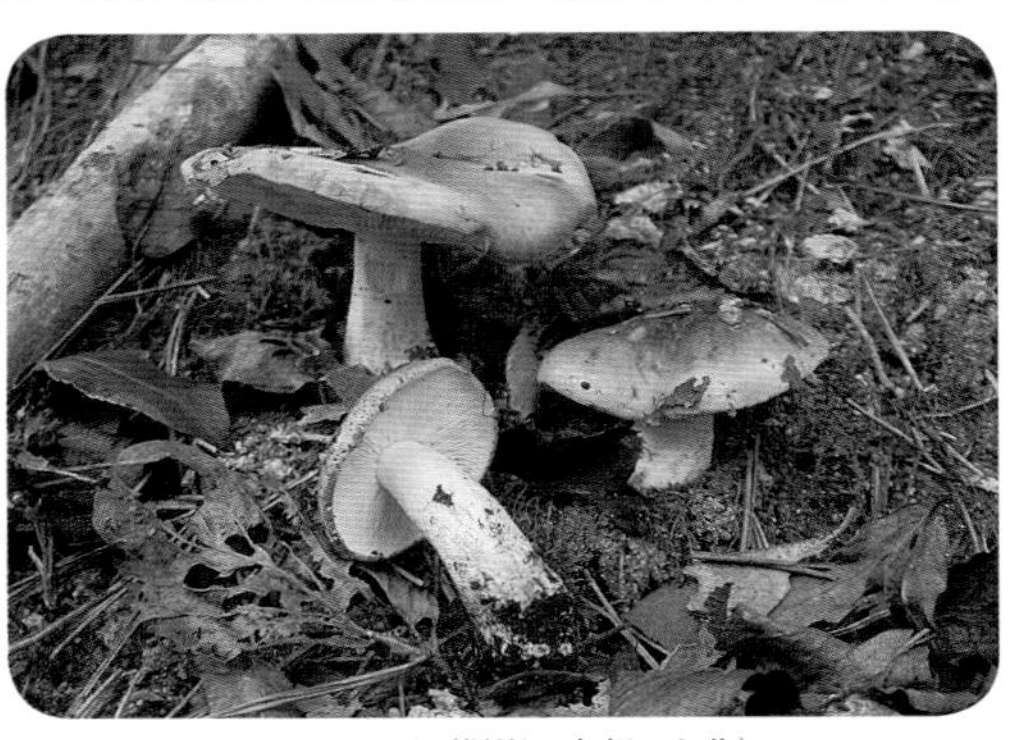
カキシメジ（撮影：名部みち代）

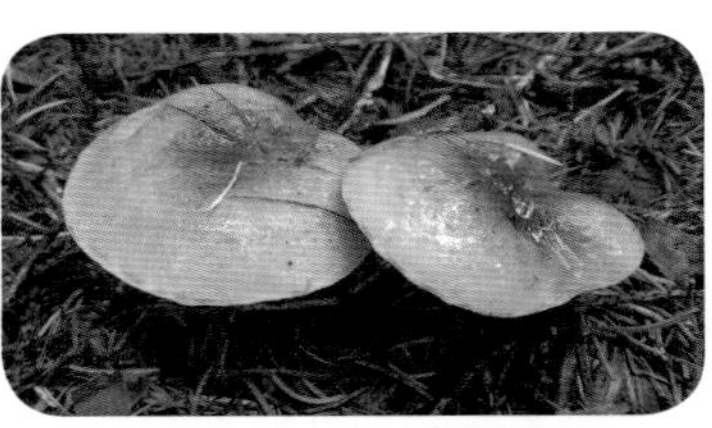
チャナメツムタケ

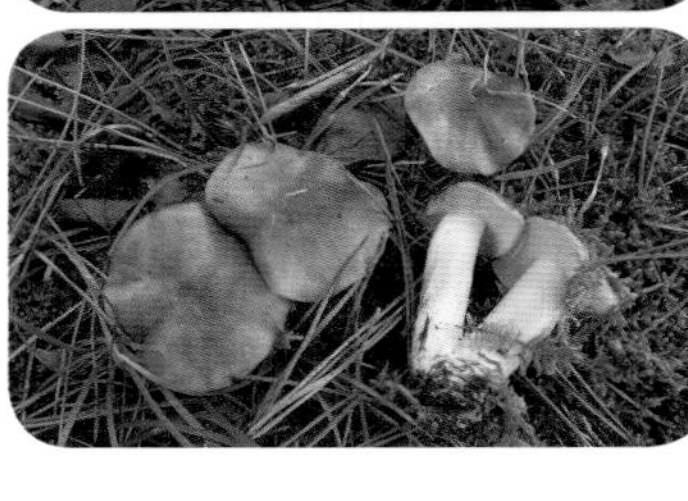
カキシメジによく似たキシメジ属のきのこ（松林に発生）

きのこ中毒のトップ3にランクされる毒きのこ

カキシメジは赤みを帯びた褐色（柿を想像させる）の傘（3〜8㎝）を持ったきのこであり、秋に雑木林やマツ林に発生する。種小名の *ustale* は、「焦げた」という意味であるが、命名者（ドイツ人 Paul Kummer）の国にもし柿があったら、「柿のような色の」という名前になっただろうか。シイタケをぐっと明るくしたような色のがっちりした姿は、とても美味しそうに見える。このためか、きのこ中毒を引き起こす頻度も高く、常に日本では中毒原因菌トップ3にランクインしている（他はクサウラベニタケ〔No.27〕とツキヨタケ〔No.60〕）。間違って食べると、頭痛を伴い、嘔吐や下痢、腹痛といった消化器系の中毒症状が起こる。

下痢を起こす毒成分としては、ウスタル酸という化合物が含まれていることが判明している。通常、消化管内の水は大腸で再吸収され、残渣が排泄されるが、この毒はこの再吸収の時に働く酵素を阻害してしまう。この結果、水分が多いまま、下痢という状態を引き起こすということが分かっている。

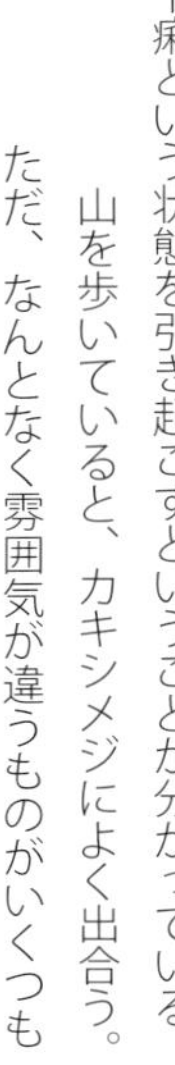

山を歩いていると、カキシメジによく出合う。ただ、なんとなく雰囲気が違うものがいくつもあり、どれが本物なのか区別がつかなくなってしまう。図鑑に載っている類似種としては、カラマツ林に発生するカラマツシメジや、針葉樹林に発生するアカゲシメジ、全く別の科であるがスギタケ属の食菌チャナメツムタケがある。きのこを同定するときには、きのこの形態に加えて、発生する林（木）の種類や、発生時期が大きなヒントとなるが、現段階では名前のついていないものが多数あり（当然図鑑には未収録）、分類を進める必要がある。カキシメジは雑木林にもマツ林にも発生するということになっているが、両者は別種の可能性もある。（橋本）

100 イボセイヨウショウロ

［学名］*Tuber longispinosum*
子嚢菌門　チャワンタケ目
セイヨウショウロ科

日本で最も馴染み深い黒トリュフ

世界三大珍味の一つとして名高いトリュフが日本にも自生することをご存知だろうか。ヨーロッパのきのこのイメージが強いが、日本にも多くの種類が発生する。なかでもイボセイヨウショウロは日本の代表的なトリュフで、その名のとおり、いぼ状突起で覆われた黒色の外皮を特徴とし、フランス料理で有名な黒トリュフ、*Tuber melanosporum* の近縁種である。

本種は地下生菌（ちかせいきん）のため人目につきにくい。稀少なきのこと思われがちだが、場所によっては一度に相当な数を見ることができる。発生は初夏に始まり、10〜12月にかけて徐々に成熟する。子実体（しじつたい）のサイズは3〜5㎝程度で、稀に10㎝以上のものに出合うことがある。晩秋頃の子実体をナイフで割ると、黒地に白い脈が迷走する美しい大理石模様が現れ、強い芳香を放つ。

イボセイヨウショウロ（左は二つに割った断面。大理石模様が美しい）

イボセイヨウショウロの学名は、かつてはインドや中国南部にかけて発生する *Tuber indicum* とされていた。しかし胞子の形態やDNAを中国産や台湾産の標本と比較したところ、*T. indicum* とされてきた日本の黒トリュフは二種に分類することができ、一種は東アジア広域に分布する *T. himalayense* と同種、もう一種は新種（*T. longispinosum*）であることが判明した。見た目は同じだが、後者は胞子の表面のとげが鋭く長いことが特徴であり、イボセイヨウショウロの初記録時の特徴と一致することから、この種にイボセイヨウショウロの和名をあてた。

本種は樹木と共生する菌根菌（きんこんきん）のため、宿主の近くでしか生きられない。さらに、子実体を動物が食べることにより胞子が散布される。こうした理由から、風で胞子が運ばれる地上生のキノコに比べて遺伝子交流が制限され、地域固有性が高いと考えられている。イボセイヨウショウロは、遠い昔にアジア一帯に広く分布していた黒トリュフの祖先集団の一部が日本列島の成り立ちとともに孤立した、黒トリュフの末裔ということなのだろう。

（木下）

索　引

アカモミタケ　56
アカヤマドリ　93
アスナロ天狗巣病菌　22
アスペルギルス・ニガー　18
アミガサタケ　65
アミタケ　98
イネいもち病菌　87
イネ馬鹿苗病菌　43
イボセイヨウショウロ　109
イボテングタケ　11
ウスキキヌガサタケ　75
ウスキブナノミタケ　67
ウラベニホテイシメジ　37
エノキタケ　40
エブリコ　42
オオシロアリタケ　101
オオゼミタケ　71
オニフスベ　25
オルピディウム・ヴィシアエ　68

カエンタケ　103
カキシメジ　108
カワウソタケ　54
カワラタケ　102
カンゾウタケ　39
キコウジ　19
キショウゲンジ　32
キツネノサカズキ　45
キツネノチャブクロ　60
キツネノヤリ　97
キヌガサタケ　75
キハツダケ　56
キリノミタケ　26
クサウラベニタケ　36
クモタケ　86
クモノスカビ　91
クラドスポリウム・クラドスポリオイディス　28
クリタケ　51
クロカワ　23
クロコウジカビ　18
クロハツ　94
コウタケ　95
コウボウフデ　84
コウヤクマンネンハリタケ　35
コホウキタケ　88
コレオフォーマ・エンペトリ　29
コレラタケ　44

サクラシメジ　49
サクラ天狗巣病菌　100
サナギタケ　31
サルノコシカケ　33, 35, 42, 54, 102
シイタケ　59
シャカシメジ　62
ショウゲンジ　32
ショウロ　90
シロキツネノサカズキ　45
シロタマゴテングタケ　15
スエヒロタケ　96
スギノタマバリタケ　78
スギヒラタケ　79
センボンシメジ　62
ソライロタケ　38

タケリタケ　52
タマゴタケ　10
タマゴタケモドキ　14
タマゴテングタケ　14
タマチョレイタケ　82
タマノリイグチ　83
タモギタケ　80
チチタケ　58
チャナメツムタケ　108
チャワンタケ　65
ツキヨタケ　69
ツクツクボウシタケ　55
ツチグリ　21, 83
ツバキキンカクチャワンタケ　27
ツボカビ　68
ツリガネタケ　41
テングタケ　13
冬虫夏草　55, 71, 86
ドクササコ　72
ドクツルタケ　15
トリコデルマ・ハルツィアヌム　104
トリュフ　109

ナメコ　76
ナラタケ　17
ニオウシメジ　64
ニガクリタケ　50
ニガクリタケモドキ　50
ニセクロハツ　94

ハエトリシメジ　107
バカマツタケ　105
ハタケシメジ　61
ハツタケ　57
ハナイグチ　99
ヒウガハンチクキン　20
ヒカゲシビレタケ　85
ヒゲカビ　77
ヒトクチタケ　33
ヒトヨタケ　16, 30
ヒポミケス・ヒアリヌス　52
ヒラタケ　81
ファフィア・ロドツィーマ　74
フィコミケス・ニテンス　77
フザリウム・フジクロイ　43
ブナシメジ　53
ペニシリウム・シトリナム　73
ベニテングタケ　12
ホウキタケ　88
ホコリタケ　60
ホテイシメジ　16
ホネタケ　70
ポルチーニ　24
ホンシメジ　63

マイタケ　47
マツタケ　106
マンネンタケ　46

ヤコウタケ　66
ヤチヒロヒダタケ　34
ヤマドリタケ　24
ヤマドリタケモドキ　24
ヤマブシタケ　48

リゾプス・ストロニフェル　91
リゾムコール・プシルス　89
レイシ　46
ロドトルラ・トルロイデス　92

執筆者一覧（五十音順）

青木孝之	農業・食品産業技術総合研究機構　遺伝資源センター
浅井郁夫	日本菌学会会員
安藤洋子	日本菌学会会員
牛島秀爾	一般財団法人 日本きのこセンター　菌蕈研究所
大沢奈津子	筑波大学山岳科学センター菅平高原実験所　菌学研究室卒業生
太田祐子	日本大学生物資源科学部森林資源科学科
奥田　徹	株式会社 ハイファジェネシス　代表取締役社長＆CEO
糟谷大河	慶應義塾大学経済学部
木下晃彦	森林総合研究所　九州支所
工藤伸一	甲蕈塾菌蕈研究会主宰
黒木秀一	宮崎県総合博物館
小林久泰	茨城県林業技術センター
早乙女梢	鳥取大学農学部附属　菌類きのこ遺伝資源研究センター
佐久間大輔	大阪市立自然史博物館
佐藤大樹	森林総合研究所
柴田　靖	日本菌学会会員
瀬戸健介	Department of Ecology and Evolutionary Biology, University of Michigan
高島昌子	明治薬科大学微生物学研究室
種山裕一	日本菌学会会員
鶴海泰久	元・独立行政法人 製品評価技術基盤機構バイオテクノロジーセンター
出川洋介	筑波大学山岳科学センター菅平高原実験所
寺嶋芳江	静岡大学　イノベーション社会連携推進機構
常盤俊之	北里大学大村智記念研究所
長澤栄史	一般財団法人 日本きのこセンター　菌蕈研究所名誉研究員
中澤　武	一般財団法人 日本きのこ研究所顧問
根田　仁	森林総合研究所フェロー
橋本貴美子	東京農業大学生命科学部
橋屋　誠	日本菌学会会員
服部　力	森林総合研究所
林　長生	農業・食品産業技術総合研究機構　生物機能利用研究部門
広瀬　大	日本大学薬学部
吹春俊光	千葉県立中央博物館研究員
古谷航平	元・三共株式会社（現・第一三共（株））筑波研究所所長
保坂健太郎	国立科学博物館
細矢　剛	国立科学博物館
前川二太郎	鳥取大学農学部附属　菌類きのこ遺伝資源研究センター
宮嵜　厚	石巻専修大学理工学部
宮本敏澄	北海道大学大学院農学研究院
矢口貴志	千葉大学真菌医学研究センター
山岡裕一	筑波大学生命環境系
山田明義	信州大学　山岳科学研究拠点

一般社団法人日本菌学会は菌類に関する学際領域の研究推進と普及を目的として、1956 年 2 月に創設された学会です。2018 年 4 月に一般社団法人化されました。基礎から応用まで、生物学・植物病理学・微生物学・農芸化学・発酵工学・応用きのこ学・林学・医学・薬学・食品衛生学・環境科学などの各分野に関わる、約 1000 名の会員が参加し、活動しています。

［学会ホームページ］
https://www.mycology-jp.org/

日本菌類百選 きのこ・カビ・酵母と日本人

2020 年 8 月 25 日　初版第 1 刷発行

編著者　日本菌学会
発行者　八坂立人
印刷・製本　シナノ書籍印刷(株)

発行所　(株)八坂書房
〒101-0064 東京都千代田区神田猿楽町 1-4-11
TEL.03-3293-7975　FAX.03-3293-7977
URL: http://www.yasakashobo.co.jp

ISBN 978-4-89694-276-7